QUELLEN UND FORSCHUNGEN

ZUR

SPRACH- UND CULTURGESCHICHTE

DER

GERMANISCHEN VÖLKER.

HERAUSGEGEBEN

VON

BERNHARD TEN BRINK, ERNST MARTIN,
ERICH SCHMIDT.

LXVIII.
ÜBER DIE SPRACHE DER OSTGOTEN IN ITALIEN.

STRASSBURG.
KARL J. TRÜBNER.
1891.

ÜBER DIE

SPRACHE DER OSTGOTEN

IN

ITALIEN.

VON

FERDINAND WREDE.

STRASSBURG.
KARL J. TRÜBNER.
1891.

G. Otto's Hof-Buchdruckerei in Darmstadt.

INHALTSÜBERSICHT.

EINLEITUNG.

Im Jahre 1874 sagte Adalbert Bezzenberger in seiner Abhandlung „Über die *A*-Reihe der gotischen Sprache“ (Göttingen 1874) S. 6 f.: „Die Sprache, welche uns in der gotischen Bibelübersetzung vorliegt, kann nicht für so alt gelten, dass auf ihre Lautverhältnisse die der übrigen deutschen Dialecte ohne weiteres zurückgeführt werden dürften. Wir wissen, dass die Bibelübersetzung Wulfilas ein Gegenstand fortwährender Beschäftigung für die Goten war, welche dieselbe durch Änderungen des Textes, Glossen u. dgl. verbesserten und verschlechterten. Diese Änderungen und Zusätze haben dazu gedient, die Altersverhältnisse der gotischen Handschriften zu bestimmen und die einstige Existenz verlorener Vorlagen festzustellen. Die uns vorliegende Bibelübersetzung kann deshalb nur ihrem Kern nach für das Werk Wulfilas gelten, in der Tat ist sie das Resultat einer hundertjährigen, ja wohl einer zweihundertjährigen Arbeit. Scheinen doch sogar verschiedene Schulen der Textkritik und Textüberlieferung unter den Goten bestanden zu haben. Dass die Sprache der Bibelübersetzung wenigstens die der zweiten Hälfte des fünften Jahrhunderts war, beweisen die den einzelnen Büchern hinzugefügten Überschriften und Schlussbemerkungen, und dass sie die von den Ostgoten in Italien gesprochene war, beweist die Einteilung des Textes in laiktjons, d. h. Leseabschnitte beim Gottesdienst. Im wesentlichen bleibt sich diese Sprache überall gleich, in dem Bibeltext wie in der Skeireins, in dem Kalender wie in den

Urkunden von Arezzo und Neapel. Wir haben also die Sprache einer bestimmten Periode vor uns, und als solche muss die der ostgotischen Herrschaft in Italien, von 493 bis 553, gelten; kurz, die uns überlieferten gotischen Texte repräsentieren die Sprache des sechsten Jahrhunderts". In dem Nachwort zum dritten Bande von Ficks „Vergleichendem Wörterbuch der indogermanischen Sprachen" (3. Auflage, Göttingen 1874) zieht Bezzenberger entsprechende Folgerungen, er will z. B. die germanischen Kürzen *e* und *o* auch dem Dialect Wulfilas zuerkennen und die constanten gotischen *i* und *u* auf die ostgotische Aussprache der italienischen Schreiber des sechsten Jahrhunderts zurückführen (S. 368). Bezzenberger hat mit seiner Theorie keinen Erfolg gehabt. Von vorn herein sind ihre historischen Stützen belanglos; denn es ist nicht einzusehen, was die einstige Existenz verlorener Vorlagen, was die verschiedenen Schulen der Textkritik, was die später hinzugefügten Überschriften und Schlussbemerkungen, was die jüngere Einteilung des Textes in laiktjons für die Annahme ostgotischen Dialects und gegen die Annahme einer von Codex zu Codex und von Schule zu Schule vererbten mechanischen Textabschrift beitragen. Vielmehr ist die Anschauung herrschend geblieben, dass uns in der gotischen Bibelsprache wirklich Wulfilas Dialect des vierten Jahrhunderts vorliege, und dass nur gelegentliche Schwankungen der Handschriften, wie die zwischen *ê* und *ei*, zwischen *ô* und *û*, den jüngeren ostgotischen Abschreiber verraten.[1] Nur Julian Kremer begann 1882 seine „Behandlung der ersten Compositionsglieder im Gotischen"[2] mit den Worten: „In den uns erhaltenen gotischen Sprachdenkmälern haben wir den Dialect der Ostgoten vor uns, und zwar in der Gestalt, wie er während der Herrschaft dieses Stammes in Italien (493 — 553) und früher, also durch ca. anderthalb Jahrhunderte, lebte." Aber Kremers Arbeit, welche von Anfang bis zu Ende auf vorgefasster Meinung beruht und

[1] Vgl. z. B. die Zusammenstellungen in Braunes Gotischer Grammatik³ § 221, 1.

[2] Paul und Braune, Beiträge VIII, 380 ff.

noch ausführlicher zu betrachten sein wird, bringt für seine und Bezzenbergers Auffassung ebenso wenig einen positiven Beweis, wie ein solcher bis jetzt gegen dieselbe unternommen worden ist.

Ein solcher wäre erbracht, wenn es gelänge aus den ausserbiblischen Sprachresten der Ostgoten in Italien den Lautstand ihres Dialects festzustellen und danach zwischen ihm und dem Bibeldialect bestimmte Abweichungen zu constatieren.[1] Dieses ausserbiblische Material darf nicht etwa in den beiden bekannten gotischen Urkunden bestehen; denn die Übereinstimmung ihrer Sprache mit der biblischen legt sofort die Vermutung nahe, dass sie, aus geistlichen Kreisen stammend, in dem diesen geläufigen traditionellen Bibelgotisch, also in einer über dem Dialect stehenden Schriftsprache verfasst seien. Dieses ausserbiblische Material sind vielmehr die zahlreichen ostgotischen Eigennamen. Müllenhoff hat in der Vorrede zu den „Denkmälern“ gezeigt, wie aus den Eigennamen alter Urkunden der Lautstand einer Mundart gewonnen werden kann, und auf diese Weise den althochdeutschen Tatian localisiert, und andere sind ihm gefolgt.[2]. Ist Ähnliches mit den ostgotischen Eigennamen zu erzielen, dann wird eine solche Arbeit zu den ahd. Localisierungsversuchen in dasselbe Verhältnis der Wertschätzung treten dürfen wie die gotische Bibel zu den ahd. Denkmälern.

Damit hat denn die vorliegende Untersuchung auch in den Augen derer eine Berechtigung mehr aufzuweisen, welche von einer auf den Eigennamen fussenden Scheidung und Einzelbehandlung der gotischen oder wandilischen Dialecte sonst nicht viel wissen wollen.[3] Ich habe eine solche

---

[1] Streng genommen, wäre die Beweisführung pro et contra erst zu Ende geführt, wenn sich andrerseits Übereinstimmung der Bibelsprache mit dem Lautstand erwiese, welchen die mösogotischen Eigennamen aus der Epoche des Wulfila darstellen. Allein in jener frühen Zeit fliessen die Namenquellen noch spärlich, und Stammesunterschiede der Goten sind nur in seltenen Fällen präcisiert.

[2] Vgl. Anzeiger f. deutsch. Altert. XVI, 289.

[3] Henning, Singer, vgl. unten S. 4, 1.

mit der „Sprache der Wandalen" begonnen[1], ich setze sie hier mit der Sprache der Ostgoten fort: die verschiedenen Ergebnisse beider Untersuchungen bestärken mich in der eingeschlagenen Methode. Auf Procops Zeugnis, der (d. b. Vand. I, 2) allen Wandiliern nicht nur gleiche Statur, gleiches Recht, gleiche Religion, sondern auch gleiche Sprache giebt, ist natürlich kein Gewicht zu legen; schon die geringere Zuverlässigkeit der griechischen Quellen gegenüber der der lateinischen in der Wiedergabe germanischer Namen[2] verbietet, dem Historiker ein feineres mundartliches Unterscheidungsgefühl zuzutrauen. Dass zwischen den einzelnen Stämmen der grossen Goten- oder Wandiliergruppe dialectische Unterschiede vorhanden sein oder sich entwickeln mussten, ist a priori wahrscheinlich, wenn man sich ihre politische Geschichte, die selbständige Gründung eines Wandalen-, Ostgoten-, Westgotenreiches, namentlich ihre locale Isolierung in Afrika, Italien, Spanien vergegenwärtigt. Und wenn es heute noch möglich ist, nach den alten Quellen eine selbständige Wandalen-, Ostgoten-, Westgotengeschichte zu schreiben, dann ist es auch wahrscheinlich, dass genügend zahlreiche, in den Quellen politisch und damit mundartlich geschiedene Personennamen sich vorfinden. Hierzu halte man folgende Tatsachen. Ich erwies für das Wandalische Fortbestehen der alten Diphthonge, namentlich des wulf. *ái* als wand. *ei*, — ich erweise im folgenden für das Ostgotische durchgeführte Monophthongierung von wulf. *ái* zu *e*, von wulf. *áu* zu *o*; ich erwies für das Wandalische beginnenden Abfall des Nominativ-*s* nach Dentalen und seine feste Erhaltung nach Gutturalen, — ich erweise im folgenden für das Ostgotische durchgeführten Schwund des Nomina-

---

[1] Quellen und Forschungen LIX, Strassburg 1886; besprochen von Kaiser im Jahresbericht ü. d. Erschngn. a. d. Geb. d. germ. Phil., Jahrg. 1886, S. 28; von Bhdr. im Lit. Centralbl. 1887, Sp. 1009; von Henning in der Dtsch. Litteraturzeitg. 1887, Sp. 1548; von Ehrismann im Literaturbl. f. germ. u. rom. Phil. 1887, Sp. 467; von Singer im Anz. f. d. A. XIV, S. 32; von Goebel in den Mod. Lang. Notes 1888, Sp. 99; von Bartsch in der Germania XXXIII, S. 122. Im folgenden kurz citiert als „Wand."

[2] Vgl. u. S. 6.

tiv-*s*. Bei solchen Ergebnissen handelt es sich nicht etwa nur um chronologische Entwicklung derselben Sprache: beide Germanenreiche blühten lange Zeit neben einander, und der Untergang des einen erfolgt nur zwei Jahrzehnte nach dem des andern. Beide Dialecte gingen vielmehr ihre eignen Wege, und nur bei consequent durchgeführter Scheidung sind ihre Unterschiede festzustellen. Sie wären nicht in gleicher Klarheit hervorgetreten, wenn ich sofort an die Zusammenstellung eines gotischen Namenbuches im allgemeinen herangetreten wäre: man berücksichtige hierfür allein den Umstand, dass gelegentlich z. B. in ostgotischen Geschichtsquellen Wandalennamen in ostgotischer Dialectumschrift auftreten und umgekehrt.

In der folgenden Untersuchung gebietet daher erstens die Absicht, textkritische Gesichtspunkte für die gotische Bibel zu gewinnen, eine chronologische Beschränkung auf die italienische Zeit, und zweitens die Absicht, grammatische Gesichtspunkte für wandilische Dialectscheidung zu gewinnen, eine locale Beschränkung auf die Ostgoten: sie darf sich nur auf speciellen Ostrogoticis der italienischen Zeit aufbauen, und Ausblicke auf sonstige Wandilica, ausser Eigennamen auch auf die gotischen Runenreste[1], die Salzburg-Wiener Handschrift, das Krimgotische[2], dürfen nur gelegentliche und vergleichende sein. Eine Gesamtdarstellung der wandilischen Dialectgruppe aber kann nicht eher versucht werden, als bis namentlich das Westgotische eine specielle Untersuchung erfahren hat[3] und auch Wacker-

---

[1] Rudolf Henning, Die deutschen Runendenkmäler, Strassburg 1889, S. 141.

[2] Obwohl die Krimgoten Nachkommen der Goti Tetraxitae und diese ostgotische Reste sein sollen: Zeuss, Die Deutschen und die Nachbarstämme (München 1837), S. 430 ff.; vgl. jedoch Tomaschek, Die Goten in Taurien (Wien 1881), S. 10. 12 und jetzt Braun, Die letzten Schicksale der Krimgoten (Petersburg 1890), S. 8 f. Zu Busbecks Notizen sehr richtig Bezzenberger S. 14, Tomaschek S. 57, Braun S. 55 f.

[3] Eine solche wird von all den wandilischen Einzelgrammatiken zweifellos die ergebnisreichste sein, ist aber andrerseits mit grossen Schwierigkeiten verknüpft. Bei dem langen Bestand des westgotischen Reiches durch mehrere Jahrhunderte hat sie nicht nur einen bestimmten

nagels „Burgunder“[1] einer controlierenden Umarbeitung unterzogen sind.[2]

Im übrigen sei auf die allgemeine Einleitung meiner Wand. verwiesen und auf die dortigen Bemerkungen über den sprachgeschichtlichen Wert der Eigennamen, Vorarbeiten auf ostgermanischem Gebiet, Quellenkritik. Einiges hier zur Ergänzung. Wenn ich oben so kühn war Müllenhoffs Localisierung des Tatian mit dem litterarhistorischen Endziel meiner Abhandlung in Parallele zu stellen, dann bin ich den Nachweis schuldig, dass die gotischen Eigennamen bei den Historikern in einer Überlieferung erhalten sind, welche wenigstens annähernd dem Werte alter gleichzeitiger Urkunden entspricht. Deshalb zu Wand. 5 f. noch Folgendes. Dass zwischen griechischer und lateinischer Überlieferungstreue bei solchen germanischen Sprachresten ein practischer Unterschied zu machen, ist bekannt. Es findet sich bei den Griechen namentlich für den germanischen Vocalismus wenig Verständnis, für seine Qualität[3] wie für seine Quantität,[4] während sie für consonantische Reflexe gelegentlich über genauere graphische Mittel verfügen (z. B.

---

dialectischen Lautstand festzustellen, sondern innerhalb der einen Mundart mit lautlichen Wandlungen zu rechnen. Ferner ist das westgotische Sprachmaterial von ausserordentlichem Umfang, und seine annähernd vollständige Sammlung erfordert noch lange Jahre. Augenblicklich wäre es nutzlos, den reichen Namenschatz der westgotischen Concilienacten mühsam aus der indexlosen Ausgabe Mansis zusammenzusuchen und nicht erst die Fortsetzung von Duchesnes Liber pontificalis und Thiels Epistolae romanorum pontificum mit ihren textkritischen Resultaten abzuwarten. Die westgotischen Inschriften sind sehr zahlreiche und hier ausser den spanischen besonders noch die des Corp. inscr. lat. XII zu berücksichtigen.

[1] Sprache und Sprachdenkmäler der Burgunden, Kleinere Schriften III, 334 ff.

[2] Von den sonstigen kleinen Wandilierstämmen ist zu wenig erhalten, um eine Darstellung ihres mundartlichen Lautstandes versuchen zu lassen. Ihr Namenmaterial findet man im wesentlichen in Dahns „Königen“ bei einander; ich stelle es vielleicht demnächst in einer unserer Zeitschriften textkritisch zusammen.

[3] Vgl. z. B. Kossinna, Anz. XIII, 205.

[4] Vgl. z. B. Kossinna, Zeitschr. f. d. A. XXIX, 268.

gr. ϑ = got. *þ*). Andrerseits ist der linguistische Wert lateinischer Überlieferung von je her gewürdigt und ausgenutzt. Sagte doch schon 1819 Jacob Grimm im Vorwort zum ersten Bande der Grammatik S. XXXIX: „Es ist falsch davon auszugehen, dass die deutschen Wörter von den Römern entstellt und ihrer lateinischen Aussprache bequemt worden seien; im Gegenteil wird man bei gründlicher Untersuchung sich immer mehr von der Zuverlässigkeit überzeugen; bloss die Endungen sind lateinisiert, aber mit wohlverstandener Rücksicht auf die Analogien zwischen beiden Sprachen“ [1]. Und alle späteren Forscher auf gleichem Gebiete, unter welchen Karl Müllenhoff der oberste Platz gebührt, haben Grimms Wort bestätigt gefunden. Für die vorliegende Untersuchung sei es in folgenden Einzelpunkten erwiesen.

Als dialectische Eigentümlichkeiten der ostgotischen Bibelabschreiber hat man immer schon, wie oben erwähnt, in erster Linie die gelegentlichen handschriftlichen Schwankungen von *e, ei, i* [2] und *o, u* [3] angesehen. Aber solche feine lautliche Nüancierungen nach dem ausserbiblischen Sprachmaterial zu controlieren, sie bei den Historikern in den ostgotischen Eigennamen wiederzufinden, dieses Unternehmen droht von Anfang an daran zu scheitern, dass in allen unsern lateinischen Handschriften der Wechsel von *e* und *i*, *o* und *u* ein ganz gewöhnlicher und mechanischer ist und deshalb grade die erwähnten dialectischen Lautwandlungen in den gotischen Eigennamen nicht überwachen lässt. Aus gleichem Grunde verzichtet z. B. auch Bezzenberger (S. 14) darauf, seine westgotischen Namenzusammenstellungen lautlich zu verwerten. Es fragt sich jedoch, ob diese Schwankungen in der Wiedergabe der germanischen Dialectbrocken in der Tat ebenso geläufig sind wie im lateinischen Texte. Dass sich die lateinischen *e*- und *i*-, *o*- und *u*-Laute sehr nahe gestanden haben, ist durch zahllose Vertauschungen, nicht

---

[1] Vgl. noch Kossinna, Hochfränkische Sprachdenkmäler, QF XLVI, S. 81 ff.

[2] Braune[3] §§ 7, 2. 3. 4. 9, 2. 10, 5. 16, 2. 17, 1.

[3] Braune[3] §§ 11, 2. 12, 1. 13, 2. 14, 3. 15, 3.

nur handschriftliche, auch inschriftliche, zur Genüge belegt;[1] die Verschiedenheit der lateinischen Einzeldialecte mag die Verwirrung vollendet haben. Daraus folgt aber für die lateinische Niederschrift unlateinischer Sprachteile noch nichts. Kluge hat zuletzt darauf hingewiesen,[2] wie schwer und unbequem den classischen Organen der germanische Lautcharacter erscheinen musste, und wie ferner nirgends eine Urverwandtschaft zwischen Germanen, Römern und Griechen geahnt wird. Mag daher der Römer auch häufiger gebrauchte und gehörte Germanen-, zumal die Völkernamen grade so nostrificiert haben, wie wir heute von *Franzosen* und nicht von *Français* sprechen, so blieb ihm für die barbarischen Bildungen der Einzelnamen doch nichts übrig als ein genaues dem Gehör folgendes Nachmalen; und je fremder und unlateinischer ihm solcher Einzelname klang, um so weniger konnte er bei dessen Schreibung orthographischen Licenzen folgen, die ihm sonst für seinen lateinischen Text geläufig waren. Die späteren Abschreiber und Verfertiger der uns erhaltenen Handschriften mögen dann in den lateinischen Teilen ihre grammatische Weisheit durch alle möglichen Correcturen angebracht oder lateinische Lautschlüsse durch blinde mechanische Vertauschung von *i* und *e*, *u* und *o* unmöglich gemacht haben: die Germanennamen hingegen waren für sie in der Regel grade so wie für ihren alten Autor monströse Bildungen, denen sie nur durch mechanisches Abmalen gerecht werden konnten. Insofern erscheint der Lautstand der germanischen Eigennamen in den lateinischen Quellen von vorn herein in zuverlässigerem Lichte. Und nun betrachten wir unser ostgotisches Material, wie es sich unten im Quellenteil aus den lateinischen Fundgruben darbietet, indem wir einige etymologisch sichere Fälle herausgreifen. In den zahlreichen mit germ. *rîk-* componierten Namen (*Theoderic, Eutharic, Athalaric, Wiljaric* u. s. w. u. s. w.) begegnet bei keinem Autor, in keiner Handschrift, in keiner Inschrift auch nur ein einziges *-recus* o. ä.! Germ. *û* zeigt

[1] Vgl. z. B. Seelmann, Die Aussprache des Latein (Heilbronn 1885), SS. 183 f. 189 f. 200 ff. 211 f. 214. 216 f.

[2] In Pauls Grundriss der germ. Philologie I, 315.

sich in *Runilo* und den mit *hûn-* gebildeten Namen (*Hunimund, Hunila* u. s. w.) ohne jede abweichende Lesart! Unter den Kürzen ist das gemeingermanische *e* vor *r* (wulf. *aí*) in *Erdwih* und den Namenbildungen auf *-berga*, *-gern* durch constantes, in keiner Handschrift zu *i* übergehendes *e* reflectiert! Das gemeingermanische *u* in den zahlreichen Compositis mit *mund-*, *wulf-*, *gunþ-* hat auch nicht ein *o* in etwaigen Varianten neben sich! Das nach gemeingermanischem Gesetz durch ableitendes *i* oder *j* bedingte *i* in Wurzelsilben ist in den vielen mit *wilja-*, *sigis-*, *wini-* zusammengesetzten Namen, auch in den besonders häufigen Koseformen auf *-ila* (*Quidila*, *Igila*, *Sifilo* u. s. w.) ebenso fest! Ich denke, das sind für die Zuverlässigkeit der lateinischen Geschichtsquellen in der Wiedergabe ostgotischer Namen deutlich redende Zeugen. Es versteht sich von selbst, dass für spätere Epochen germanischen Sprachlebens diese Sicherheit nachlassen wird, je mehr die Germanen alle Teile des alten Römerreichs durchsetzt haben, Germanennamen auch romanischem Munde geläufiger und selbst germanische Dialectunterschiede bekannter werden. Aber für jene ältesten Sprachperioden, die noch den brausenden Wellen der Völkerwanderung und dem ersten intimeren Verkehr zwischen Germanen und Romanen näher liegen, ist der Wert des uns aus romanischer Feder bewahrten germanischen Sprachmaterials zweifellos und gestattet positive Rückschlüsse auf alte Sprachgesetze und Lautwandlungen. Obige Zeugnisse gehörten ins Gebiet des Vocalismus: sie finden für alle andern Felder der altgermanischen Grammatik ihresgleichen. Was den Consonantismus anlangt, so ist es z. B. ein characteristisches Zeichen des Vulgärlateins, dass vom dritten Jahrhundert ab *v* und *b* vollständig zusammenfallen und promiscue geschrieben werden. [1] Dem gegenüber ist in der lateinischen Wiedergabe unserer Gotennamen für germ. *w* zwar oft *v*, aber nirgends *b* geschrieben! Und für germ. *b* findet in den Schreibungen ein Wechsel mit *v* nur im Inlaut zwischen Vocalen statt, während im Anlaut *b* fest ist: genau seinem lautlichen

[1] Seelmann 239 f.

Character entsprechend, welcher im Anlaut auf Verschluss-, im Inlaut auf Reibelaut weist! Endlich eine ähnliche Consequenz auf dem Gebiet der Flexion: germanische *a*-, *i*-, *n*-Stämme zeigen auch in der Interpretatio romana im allgemeinen die urverwandte lateinische *o*-, *i*-, *n*-Declination, worauf im einzelnen bei vielen Namen zurückzukommen sein wird.

Diese Sicherheit, mit welcher wir somit an das ostgotische Sprachmaterial herantreten dürfen, wird weiter bestärkt, wenn mit dem Lautstand der so characterisierten handschriftlichen Überlieferung auch der Lautstand der inschriftlichen oder urkundlichen Sprachreste übereinstimmt, und die Berechtigung der folgenden ostgotischen Grammatik wird nicht weiter verteidigt zu werden brauchen. —

Das grosse Gotenvolk hatte im Strome der Völkerwanderung die Ufer des Schwarzen Meeres erreicht und das gewaltige Römerreich in Schrecken zu setzen gewusst. Aber dem Ansturm der Hunnen war es nicht gewachsen: die Westgoten wichen nach Süden aus, die Ostgoten erlagen und traten in hunnische Botmässigkeit. Erst nach Attilas Tod erlangten sie ihre Selbständigkeit zurück und besiedelten unter dem Herrscherhause der Amalen Pannonien. Von hier zog der Kern des Volkes mit Theodemer über die Donau nach Mösien. Und dessen Sohn Theoderic führt es 488 im Einverständnis mit dem Kaiser Zeno die Donau aufwärts, steht im Sommer 489 in der Lombardei und überwältigt bis 493 den Odowacar. Italien, ein Teil Pannoniens, die Alpenlandschaften und das südwestliche Gallien bildeten allmählich das mächtige Ostgotenreich, das zumal unter Theoderic die Hegemonie über den ganzen Occident ausübte. Nach dessen Tode (526) ging es schnell mit dieser Machtstellung abwärts, wozu innerer Zwist das Meiste beitrug, und nach aufreibendem Kriege fand 553 der Ostgotenstamm durch die Römer dasselbe Ende, wie es zwei Decennien vorher das Wandalenvolk erlebt hatte.

Es bedarf keiner eingehenderen Ausführung, wie intensiv in jenen Jahrhunderten der Völkerwanderung und Völkermischung die germanischen Stämme das gesamte Römerreich zu durchdringen beginnen; barbarische Söldner nehmen schon seit dem dritten Jahrhundert mehr und mehr zu, und von Jahrzehnt zu Jahrzehnt werden die Barbarennamen häufiger.[1] Um so grössere Vorsicht und Zurückhaltung ist geboten, wenn aus jener bunten Periode ein specieller germanischer Dialect eruiert werden soll: wir werden uns streng und ausschliesslich an Germanennamen zu halten haben, deren ostgotische Herkunft direct durch die historischen Quellen oder das politische Auftreten ihrer Träger gesichert erscheint; und so viele Germanennamen z. B. Procop im Heere Belisars kennt, und so viele von ihnen ostgotische sein mögen, sie müssen hier ausser Betracht bleiben und können nur aufgespart werden bis zur zusammenfassenden Behandlung im gotischen oder wandilischen[2] Namenbuch. Führen wir hier aber eine solche Beschränkung consequent durch, dann darf auf eine zuverlässige und sichere philologische Grundlage für die ostgotische Grammatik gerechnet werden. Denn die Schaaren, welche unter Theoderic nach Italien zogen, waren kein buntes Völkergemisch wie die Massen des Odowacar, sondern sie bildeten eine einheitliche, fest zusammenhängende Nation. „Alle Stammesgenossen, wo sie sich auch befinden mochten, wurden zu einem einzigen Kriegsheer vereinigt. Niemand, sagt Ennodius, wurde geduldet, der nicht ein Verwandter war".[3] Und wenn auch nach der Eroberung Italiens „die daselbst ansässigen Germanen, soweit sie nicht von Theoderic ausgerottet oder ausgetrieben wurden, ihn sämtlich als ihren Stammfürsten anerkannten", wenn somit auch die italienischen Goten „in der Tat eine durch Samteid unter sich geeinigte und an ihn geknüpfte Conföderation germa-

---

[1] Brunner, Deutsche Rechtsgeschichte I, 38 f.

[2] Für die Gesamtbezeichnung der einen Ostgermanenhälfte ist „wandilisch" der älteste bis auf Plinius und Tacitus zurückzuverfolgende Terminus (vgl. Wand. 6); der geläufigere, „gotisch", ist ungenauer, geht jedoch bis auf Procop zurück („Γοτθικὰ ἔθνη"). In grammatischer Hinsicht behalten wir im folgenden die Bezeichnung „gotisch" im herkömmlichen Sinne bei und verwenden nur bei beabsichtigter Differenzierung „wulfilanisch" und „ostgotisch."

[3] Ranke, Weltgeschichte IV, I, 387.

nischer selbst königsloser Gaue" sind[1], so zeigt doch das Beispiel der Rugen, wie trotz dem gemeinsamen Amalenscepter die nationale Selbständigkeit der einzelnen Stämme gewahrt blieb: die Rugen haben immer eine ganz nach Abstammung ausgeschiedene selbständige Colonie im Gotenstaate gebildet, sie verheirateten sich nur unter einander und hielten in jeder Beziehung auf strenge Wahrung ihres Geschlechts und ihres Namens.[2] — Die Confession ist bei den Ostgoten für die angestammte Nationalität nicht so ausschlaggebend wie bei den Wandalen[3] und auch bei den Westgoten; kein fanatischer Arianismus, keine blutigen Katholikenverfolgungen wie bei jenen, sondern äusserste Toleranz, ja eine gewisse Ehrerbietung vor der orthodoxen Kirche herrschen im Ostgotenreiche, und vereinzelte Übertritte von einer Confession zur andern lassen sich beiderseits belegen.[4]

Eine ganz andre ist die Frage, was die Ostgoten in ihren Eigennamen schon aus voritalienischer Zeit an exotischem Sprachmaterial mitbringen, wie weit sie ihre Namen von andern Stämmen entlehnten u. s. w. Hierfür wird man sich zuerst der Zeit der hunnischen Herrschaft erinnern müssen; wie Attilas Name ein gotischer ist und sein Hof gotische Sitten annahm, so ist auch der Übergang von hunnischen Namen auf Goten nicht ohne weiteres abzuweisen, wenn auch das „nomina . . . . . Gothi plerumque mutuantur Hunnorum" des Jordanes (70, 8 ff.) eine starke Übertreibung enthält[5]. Zweitens aber müssen die Goten in früheren Jahrhunderten mit keltischen Stämmen in enger Berührung gestanden haben, wovon keltische Gotennamen Zeugnis ablegen[6]; und dieser Gesichtspunkt verdient um so mehr Beachtung, als grade Kelten und Germanen in der Bildung

---

[1] Mommsen, Neues Archiv f. ä. d. G. XIV, 538 f.

[2] Dahn, Könige II, 127. 227. III, 3. Und so bleibt auch in der folgenden sprachlichen Untersuchung der Name des Rugen *Erarius* (Marcell. Com. bei Ronc. II, 328; Jordanes 50, 18) ausser Betracht, obwohl er im Jahre 541 fünf Monate ostgotischer König war.

[3] Vgl. Wand. 9.

[4] Zu Dahn III, 199, 4 noch die Ereleuva-Eusebia.

[5] Dietrich, Aussprache des Gotischen, S. 28.

[6] Kremer, Beitr. VIII, 447.

ihrer Eigennamen die weitgehendste Urverwandtschaft zeigen, die enger ist als die der Germanen mit den Indern oder Griechen [1]. Wenn man somit darauf gefasst sein muss, unter den ostgotischen Eigennamen auf ungermanische Bildungen zu stossen, und wenn andrerseits die sicher germanischen unter denselben in lautlicher und etymologischer Beziehung die durchsichtigste Klarheit aufweisen werden, dann dürfen bei dunklen Namenbildungen keine etymologischen Kunststücke versucht werden. [2] Dass solche Namen den Goten selbst schon vielfach unverständlich gewesen, wird u. a. durch den Umstand bewiesen, dass von den Doppelnamen, die bei den Ostgoten begegnen werden, häufig der eine dunkel und etymologisch rätselhaft bleibt, so dass zu ihm der zweite Name als ein gewisser Ersatz später hinzugetreten zu sein scheint.[3] Übrigens sagt auch Jordanes a. a. O., dass die Entlehnung fremdländischer Eigennamen nichts Auffallendes mehr sei.

Zu solchen ungermanischen Cultureinflüssen tritt nun in Italien der romanische! Für die gotischen Verwaltungsverhältnisse hat ihn letzthin Mommsen aufzudecken gesucht:[4] sie sollen allein mit römischem Massstab zu messen sein, es sollen unter den Ostgoten alle unter römischer Herrschaft eingeführten Institutionen bestehen geblieben sein. Und ein solches Vordringen und Durchdringen des Romanismus hat für alle Culturgebiete zu gelten. Römische Bildung, römische Sprache waren schon bei den Wandalen, die in aussereuropäischer Provinz Roms hausten, von so gewaltigem Einfluss:[5] wie erst bei den Ostgoten, die im alten italienischen Stammlande sich niedergelassen! Stiessen zwei generell und graduell so verschiedene Culturen auf einander wie die gotische und

---

[1] Vgl. zuletzt Kluge in Pauls Grundriss I, 304 f. Im übrigen wird Alfred Holders angekündigter „Altceltischer Sprachschatz" grade für die altgermanische Namendeutung von nicht zu unterschätzender reinigender Bedeutung sein.

[2] Vgl. Wand. 7.

[3] Vgl. letztes Capitel unter „Namengebung".

[4] S. unten S. 17 Anm. 1.

[5] Wand. 8.

die römische, dann bedarf der ausschliessliche Sieg der letzteren, aller nationalen Opposition zum Trotz, keiner Erklärung. Es sind nur Ausnahmen, wenn der Patricier Cyprian neben dem Lateinischen und Griechischen auch des Gotischen mächtig war und seine Söhne, pueri stirpis romanae, Gotisch lernen, Ausnahmen, die König Athalaric ausdrücklich anerkennt (Cass. Var. VIII, 21). Hingegen verstehen und sprechen Theoderic und alle seine Nachfolger Latein, Latein ist die Amtssprache, Latein ist die Sprache in Cassiodors Varien, Latein die Sprache aller specifisch ostgotischen Inschriften u. s. w. Und solche Romanisierung findet ihren wirksamsten Nachdruck in den romanisierenden Neigungen des amalischen Herrscherhauses selbst. Das ganze Streben Theoderics, der nach Odowacars Vernichtung seine gotische Kleidung mit der römischen Tracht vertauschte, geht in seiner inneren Politik darauf aus, die nationale und die geistige Differenz zwischen Römern und Goten auszugleichen, und Cassiodor wie Jordanes geben diesen seinen Anschauungen Ausdruck, so oft sich Gelegenheit bietet; ihre Identificierung von Goten und Geten ist nichts weiter als ein Versuch, die Kluft zwischen historischem Römer- und Gotentum historisch zu überbrücken. Theodahath und Amalaswintha, Amalafrida und Amalaberga sind der nationalen Sitte völlig entfremdet[1]; und die schliessliche Verschwägerung der Amalen mit den Byzantinern, die Heirat der Mateswintha und des Germanus, erscheint als glücklicher Abschluss der ersehnten nationalen Ausgleichung. Natürlich ist dieses Aufgehen in antiker Bildung, wie es die Amalen characterisiert, nicht in gleichem Grade auf alle Schichten des Gotenvolkes auszudehnen, hier hatte die classische Cultur vielmehr mit der alten gotischen erst zu ringen, bis ihr der Sieg zufiel. Man erinnere sich nur des oben erwähnten festen nationalen Zusammenschlusses aller Ostgoten; man bedenke, dass das Heer, das typische Abbild aller germanischen Stammesgemeinschaft, sich so gut wie ausschliesslich aus Nationalgoten recrutiert und Römer ausschliesst[2];

---

[1] Dahn, Könige II, 158. III, 256.
[2] Dahn, Könige III, 57 ff., Urgeschichte I, 294.

man berücksichtige auch, dass es Berichte aus griechischer oder römischer Feder sind, welche für die ostgotische Geschichte vorliegen, dass diese die Tatsache einer unrömischen Regierung gern verdecken und deshalb das alte einheimische Element in den Vordergrund drängen. Eine oppositionelle, d. h. nationalgotische Partei ist schon unter Theoderic zu spüren, gegen Amalaswintha regt sie sich schon stärker, und sie stürzt ihren Nachfolger, der sich ganz in römische Cultur verliert und alles Nationalgefühl verleugnet [1]. Freilich es ist gewiss unrichtig, aus den beiden erhaltenen gotischen Urkunden den allgemeinen Schluss zu ziehen, dass die gotische Sprache auch als Geschäftssprache im Gebrauch gewesen sei; man bedenke, dass die Parteien, welche sie ausstellen, ausschliesslich Geistliche sind [2], dass andrerseits diesen zwei gotischen Urkunden alle die andern in lateinischer Fassung bei Marini [3] entgegenstehen. Aber die gotischen Heldenlieder sind noch zu Theoderics Zeit gesungen worden, und die Sprache des arianischen, vom katholischen getrennten Gottesdienstes war die gotische [4]. Im allgemeinen wird die Fügung der Goten unter römische Culturverhältnisse in den einzelnen Provinzen eine verschieden abgestufte gewesen sein je nach der verschiedenen Besiedelungsdichtigkeit: in den von Goten zahlreicher bevölkerten Landesteilen Ober-, Ost- und Mittelitaliens werden altgotische Eigentümlichkeiten leichter bewahrt und den vorgefundenen römischen übergeordnet worden sein als im Süden und Westen der Halbinsel, wo die gotische Bevölkerungsdichtigkeit eine viel geringere war [5].

Es ist nur ein blasser Abdruck aller dieser Verhältnisse, wenn sich, wie bei den Wandalen, [6] auch bei den Goten vereinzelte Namen griechischen oder römischen Ursprungs finden. Dazu gesellen sich dann noch etliche bib-

---

[1] Dahn, Könige III, 256 f.
[2] Vgl. oben S. 3.
[3] Vgl. in den beiden nächsten Capiteln.
[4] Wattenbach, Deutschlands Geschichtsquellen I[5], 63.
[5] Dahn, Könige III, 8 ff.
[6] Wand. 8 f.

lische. Es genügt hier auf das Nebeneinander von gotischen und ungotischen Namen in den beiden Urkunden, auf das unten unter *Ariagne*, *Pitzia*, *Asinarius, Adeodatus* u. ä. Gesagte, sowie auf Dahns „Könige" III, 60, 4. 198. IV, 147, 1 zu verweisen.

Aber alle culturelle Beeinflussung braucht noch keine physiologische im Gefolge zu haben: das gotische Idiom selbst wird sich so gut wie unberührt von romanischem Sprachcharacter zeigen. Dass gelegentliche Assibilationserscheinungen (*Pitzia, Tzitta, Mazenis, Baza, Tutizar*, *Patzenis, Zalla*, dazu *kawtsjô*) ungotisch und romanische Schreibergewohnheiten sind, darüber vgl. unter „Pitzia". Auch die vereinzelten Endungen *-o* für gotisches schwaches *-a* entstammen nicht dem volkstümlichen Gotisch, worüber unter „Schwacher Declination". Vgl. ferner über vereinzeltes *gu* statt got. *w* unter „Wiljarith" und über romanische Nasalierung in *Gensimund* unter „Gesila".

Quellen für die folgende Untersuchung waren zunächst die erhaltenen Silber- und Kupfermünzen der Könige Athalaric, Theodahath, Witigis, Badwila, Teja (Thela).[1] Dazu kommt eine Reihe von Inschriften, soweit sie bei dem torsohaften Zustand des grossen Corpus inscriptionum latinarum zugänglich waren.[2] Namentlich im umfangreichen sechsten Bande, der die Inschriften der Stadt Rom bringt, mag noch mancherlei ostgotisches Material stecken, das vorläufig bei dem Fehlen der Indices nicht gehoben werden kann. Trotzdem giebt das Gefundene und Verwertete für unsere grammatischen Resultate schon eine solche Gewähr, dass man einer etwaigen Ergänzung des inschriftlichen Materials ge-

[1] Friedländer, Die Münzen der Ostgoten, Leipzig 1844; Ergänzungen in seinen Münzen der Wandalen, Leipzig 1849; dazu Dahn, Könige III, 147 ff., Urgeschichte I, 298 f. 300 f. Die Münzen von Theoderic und Mateswintha tragen nur deren Monogramme, nicht ihre ausgeschriebenen Namen.

[2] *Theodericus, Teoda, Eutharicus, Cilliga, Cellica, Gudila, Gattila, Tanilldi, Athalaricus, Dumilda, Wiliarit, Guiliarit, Tzittani, Amara, Guntio, Guntelda, Quiddila, Fandigil-s, Sendefara, Seda, Ustarric, Guderit, Alatancus, Alagildus, Wilifara, Wiliaric, Trasaric.*

trost entgegensehen kann. Nach Erscheinen jener schmerzlich vermissten Indices wird eine solche leicht an passendem Ort zusammengestellt werden können. Die nächst wertvolle Fundgrube waren Marinis Papyrusurkunden, über welche unten S. 29 f. Und dann folgen alle die lateinischen und griechischen Historiker, deren linguistische Zuverlässigkeit oben characterisiert wurde. Der Weg zu ihrer Benutzung ist wieder in erster Linie durch Felix Dahn gebahnt; man mag über Dahns Arbeiten vom rechtshistorischen Standpunkt aus urteilen, wie man will, Anerkennung für seine Art die Quellen zu beherrschen kann ihm nicht versagt bleiben, und Band II—IV seiner „Könige" werden lange die Grundlage ostgotischer Geschichtsforschung bleiben. Alle sonstige Litteratur findet man bei ihm verzeichnet; ich nenne hier noch seine „Urgeschichte" und die Arbeiten von Manso, v. Glöden, Kohl, Mommsen.[1] Die Quellen selbst habe ich in derselben Ausdehnung verfolgt, wie bei den Wandalen. Viele der kleinen Einzelchroniken, wie sie namentlich in der fränkischen Zeit entstehen, konnten ausser Acht bleiben, weil die historischen Vorlagen, welche sie ausschreiben, von uns berücksichtigt waren;[2] wie weit diese unselbständigen Nachzügler bei dem definitiven Bau des wandilischen Namenbuchs zu beachten sein werden, bleibt noch zu überlegen. Den Vorrang unter unsern ostgotischen

---

[1] Dahn, Die Könige der Germanen, München und Würzburg 1861—1870, zweite Auflage von Bd. VI Leipzig 1885; Dahn, Urgeschichte der germanischen und romanischen Völker, I, Berlin 1881; Manso, Geschichte des ostgotischen Reiches in Italien, Breslau 1824; v. Glöden, Das römische Recht im ostgotischen Reiche, Jena 1843; Kohl, Zehn Jahre ostgotischer Geschichte (526—536), Leipzig 1877; Mommsen, Ostgotische Studien, Neues Archiv für ältere deutsche Geschichtskunde XIV, 223 ff. 451 ff.

[2] Beispielshalber der Catalogus imperatorum, reg. ital., ducum Benevent. et Spol. Farfensis (Mon. Germ., script. rer. Langob. et Ital. 521 ff.), welcher im Anfang des 12. Jhs. entstand und aus Paulus Diaconus schöpft. Ebenso die Gesta Theoderici regis (Mon. Germ., script. rer. Merow. II, 200 ff.); denn so sicher auch eine sonst verlorene Vita Theoderici Gotorum regis dem 57. Capitel von Fredegars zweitem Buche zu Grunde liegt, entstammen doch diese Gesta frühstens dem 12. Jahrh. und basieren auf sonst erhaltenen Quellen.

Geschichtsquellen nehmen Cassiodors Varien ein, über welche unten S. 24 ff.

Eine Vorarbeit, die den ostgotischen Dialect nach seinem ausserbiblischen Material im Zusammenhange behandelt hätte, war nicht zu berücksichtigen; sie fehlt selbst im zweiten Bande von Förstemanns „Geschichte des deutschen Sprachstammes“.[1] Über sonstige gelegentliche Benutzung des ostgotischen Namenschatzes wird noch an verschiedenen Stellen zu urteilen sein.

[1] Vgl. Wand. 3. 10.

QUELLEN.

Wir teilen die Quellen in drei Gruppen:

I. bis zum Ausgang des 5. Jahrhunderts,

II. aus dem 6. Jahrhundert,

III. seit dem 7. Jahrhundert.

Sonst vergleiche man zum folgenden Abschnitt Wand. 12. Münzen und Inschriften fehlen in demselben, weil sie bei seinem chronologischen Aufbau doch nicht zusammenhängend aufgeführt werden konnten, und folgen im nächsten Capitel unter den einzelnen Namen.[1] Es sind ferner nur die Quellen genannt, welche specielle Ostrogotica der italienischen Epoche überliefern, und alle die übergangen, welche nur den Volksnamen der Goten im allgemeinen nennen.[2] Wurde eine Quelle schon für die Wand. benutzt, so ist ein Hinweis auf jene beigefügt, damit ihre Überlieferung wandalischer und ostgotischer Sprachreste verglichen werden kann.

I. QUELLEN BIS ZUM AUSGANG DES 5. JAHRHUNDERTS.

Trebellius Pollio, einer der sechs Scriptores historiae augustae,[3] schrieb zwischen 302 und 306; vita Claudii (rec. Peter, Lips. 1884, XXV):

---

[1] Vgl. oben S. 16 und hinten den Index.

[2] Strabon, Geogr. VII, 3 *Γούτωνες* (? *Βούτωνες*, *Βούτονες*); Plin., Hist. nat. IV, 99 *Gutones* (*Gmones*, *Ginones*), XXXVII, 35 *Gutones* (*Guiones*); Tac., Germ. 43 *Gothones*, Ann. II, 62 *Gotones*; Ptolem., Geogr. III, 5, 20 *Γύθωνες*; u. s. w.

[3] Vgl. über sie jetzt Dessau, Hermes XXIV, 337 ff. und Mommsen, Hermes XXV, 228 ff.

6,2 *Austrogoti (Austorgoti)*; sonst *Gothi*.

Grutungi (Trutungi): mit Müllenhoff, Zs. IX, 135 entstammt die Stelle griechischer Quelle, vermutlich Dexippus, und das *Trutungi* der Hss. ist aus *Γρούθιγγοι* verlesen.

Seine biographischen Arbeiten wurden bald nachher von Flavius Vopiscus aus Syracus wieder aufgenommen; vita Probi (ib. XXVIII):

Gothi.

18,2 *Grauthungi (Gautunni)*.

Als ein Fortsetzer der taciteischen Annalen schreibt in Rom um 390 der Grieche Ammianus Marcellinus aus Antiochia (ca. 333—400) seine nur zum Teil (353—378) erhaltenen Rerum gestarum libri (ed. V. Gardthausen, Lips. 1874. 1875):

Gothi.

27, 5, 6 *Greuthungi (Grutungi, Greutungi)*, 31, 3,1 *Greuthungi (Geuthungi)*, 31, 3, 5 *ac Greuthungorum (agere ut ungorii)*, 31, 4, 12 *Greuthungi (Greustongi)*, 31, 5, 3 *Greuthungi*.

Claudius Claudianus, um 400 (sicher bis 404), aus Alexandria (Wand. 14); ich citiere nach der Ausgabe von Jeep, Lps. 1876. 1879, doch war mir durch die Freundlichkeit des Herrn Professor Birt der Einblick in den von ihm für die Mon. Germ. besorgten Apparat gestattet:

XX, 153 *Ōstrŏgŏthi* (*Osdrogothi, Ostrogoti, Obstrogoti*).

VIII, 623 *Grŭthungi* (*Grutungi, Gruthongi, Grotonni, Grotumpni*), VIII, 635. XX, 153. 196. 399. 576 *Grŭthungi* (mit den vorigen und anderen belanglosen Varianten).

Zosimus (Wand. 15) verfasste seine erst nach dem Tode herausgegebene *Ἱστορία νέα* (bis 410) in Constantinopel zwischen 450 und 501 (ed. Lud. Mendelssohn, Lips. 1887):

Γότθοι.

IV, 38, 1 *Γρόθιγγοι* (von Salmasius aus *Προθιγγοι* gebessert, vgl. Müllenhoff a. a. O.).

Idatius aus Gallicien, um 395 — 470, (Wand. 16) setzt die Chronik des Hieronymus fort, für die Jahre 427—467 aus eigener Anschauung (ed. Roncallius, Vetustiora Latinorum chronica, Patavii 1787, II; auch verglichen die edit. Sirmondi, Lutet. Paris. 1619):

Gothi.

Ronc. II, 10 *Greothingi* (ad a. 386); in dem vielleicht von Idat. herrührenden Consulnverzeichnis ib. 96 *Greothingi.*

Apollinaris Sidonius, um 430 — 488, (Wand. 17) (ed. Luetjohann 1887, Mon. Germ. auct. antiqu. VIII):

137 v. 36. C. II, 377. V, 477 *Ōstrŏgŏthus*, sonst *Gothus, Gothia, Gothicus.*

Malchus von Philadelphia in Syrien (Wand. 17) führt in den erhaltenen Fragmenten (474 — 480) die Erzählung des Priscus weiter (ed. Niebuhr, Bonn. 1829):

Γότθοι.

Θευδέριχος.

II. QUELLEN AUS DEM 6. JAHRHUNDERT.

Aus der *'Αρχαιολογία* des Joannes von Antiochia, mit Sotiriadis (vgl. u. Malalas) früh ins 6. Jahrh. zu setzen, (ed. Mommsen, Hermes VI):

326, 2 *Θευδέριχος*, 326, 16. 21. 332, 1. 5. 10. 14 *Θεοδώριχος.*

Der Gallier Magnus Felix Ennodius (473—521), Bischof von Pavia, schrieb ausser einer Vita seines Vorgängers Epiphanius einen Panegyricus regi Theoderico dictus zwischen 504 und 508 (Wand. 20) (ed. Vogel 1885, Mon. Germ. auct. antiqu. VII):

Goti (so in der Regel die ältesten Codd. statt der *Gothi* der jüngeren), CLXXXII *goticus (coticus* B).

Theodericus.

231, 24. 26. 31 *Bauto, -onis.*

116, 20. 23 *Gevica.*

227, 20 *GVDILEVO.*

36, 26 *Erdui* (sic cod., *Erduic* Sirm.; Acc.).
210, 34 *Herduic*.
210, 34. 211, 28 *Pitzia*, 210, 37. 211, 5 *Pitzia* (*Pizia*).
73, 27 *Tancila*.
116, 24 *Trasemundus*.
73, 28 *Torisa*.
306, 28 *Triggua*.

Aus der Vita S. Severini (gest. 482) des Eugippius von 511 (Wand. 21) (ed. Sauppe 1879, Mon. Germ. auct. antiqu. I, 2):

Gothi.
44, 4 *Theodericus* (*Teudericus*).

In der Generatio regum et gentium, der sogen. fränkischen Völkertafel, um 520 (Wand. 21) (ed. Müllenhoff, Germania antiqua, Berlin 1873, p. 163 squ.):

11 *Gotos Walagothos* (*Butes Gualangutos, Gothos, Gothi Uualagothi*).

Schon vorher hätte die Chronik Cassiodors vom Jahre 519 ihren Platz finden müssen, und hier wäre der Ort für das sogen. Anecdoton Holderi vom Jahre 522. Jedoch mögen beide, um Cassiodors Werke nicht aus einander zu reissen, aufgespart bleiben bis zur Erwähnung der Varien.

Alcimus Ecdicius Avitus (ed. Peiper 1883, Mon. Germ. auct. antiqu. VI, 2), seit 490 Bischof von Vienne und nach 523 gestorben:

195, 14 *Ostrogotus* (*Histrogotus*).
64, 27 *Theodericus* (*Theuderichus*).

Anicius Manlius Torquatus Severinus Boethius, Consul 510, auf Theoderics Befehl 524 hingerichtet, verfasste noch im Kerker seine fünf Bücher De consolatione philosophiae (ed. Peiper, Lips. 1871):

I, 4, 29 *Conigastus*.
I, 4, 31 *Trigguilla* (*Triguilla*).

Die 534 in Constantinopel verfasste Chronik des Illyriers Marcellinus Comes (Wand. 24) umfasst die Zeit von 379—534, hat jedoch von fremder Hand zwei Fortsetzungen erfahren, die bis zu den Jahren 548 und 566 gehen und hier gleich angeschlossen werden mögen (ed. Ronc. II; verglichen auch und übereinstimmend mit der edit. Sirmondi, Paris 1619):

Gothi.

Ronc. II, 299 u. ö. *Theodoricus*, 300 *Theodoricus cognomento Valamer.*

322 *Theodahadus* (*Theodahatus*), 323 *Theodatus* (*Theodahatus*), *Theodatus*, 324 *Theodahadus* (*Theodahatus*), *Theodahadus*, *Theodatus* (bis).

322 *Amalasuentha* (*-suntha*).

323 *Tzitta* (*Trita*).

323 *Ebremud.*

324 u. ö. *Vitiges.*

324 *Matesuentha* (*-svinta*).

326. 328 *Orajo.*

328 *Heldebadus* (ter).

328 u. ö. *Totila*, 330 ein *Totilas.*

329 *Ruderit.*

329 *Viliarid.*

329 *Bleda.*

Die oberste Stelle in einer Quellensammlung zur ostgotischen Geschichte gebührt Magnus Aurelius Cassiodorius Senator, etwa 481—570 (Wand. 22 f.). Nachdem schon sein Vater unter Odowacar und Theoderic hohe Staatsämter bekleidet hatte, wurde er selbst unter Theoderic und seinen Nachfolgern Quaestor, Consul (514), Magister officiorum und wiederholt praetorischer Praefect und bewährte sich stets als energischer Vorkämpfer von Theoderics Politik (vgl. oben S. 14). Von seiner historischen Schriftstellerei, die in erster Linie dem Ruhme des mächtigen Amalenhauses dienen soll, fällt die schwülstige Chronik, auf Prosper und die ravennatischen Annalen zurückgehend, ins Jahr 519 (ed. Mommsen, Abhandl. d. Kgl. Sächs. Ges. d. Wiss. VIII):

Gothi.

489. 515 *Theodericus* (*-richus*), 490 *Theoderichus* (*Theodoricus*), 491. 493. 500 *Theodericus* (*Theodorichns*), 502. 504 *Theodericus.*

515 *Amalasuinta.*
515. 518. 519 *Eutharicus.*
518. 519 *Cillica.*

Aus dem Jahre 522 stammt das sogen. Anecdoton Holderi (ed. Usener, Bonn 1877), ein Excerpt aus einer sonst unbekannten Schrift Cassiodors, erhalten in einer Reichenauer Hs. seiner Institutiones humanarum rerum aus dem 10. Jahrh., mit Notizen über Symmachus, Boethius, Cassiodorius:

4, 23 *Gothi,* 27 *Gothicus.*
4, 13. 22. 27 *Theodorichus.*

Es müssten Cassiodors zwölf Bücher gotischer Geschichte folgen, die er auf Theoderics Anordnung frühstens 519 und spätestens 521 abschloss, wären sie uns anders als in dem dürftigen Auszuge des Jordanes erhalten (s. S. 30 ff.).

Um so ergiebiger ist das grosse Sammelwerk des Cassiodor, welches er nicht vor 538 und nicht nach 540 herausgab, seine Variarum libri XII: eine Sammlung von 468 amtlichen Erlassen aus der von ihm geleiteten königlichen Kanzlei, und zwar lib. I—V = 235 Schreiben des Königs Theoderic, lib. VI—VII = 72 Formulare ohne Namen und Daten für verschiedene Verleihungen und Ernennungen, lib. VIII—IX = 58 Schreiben des Königs Athalaric, lib. X = 35 Schreiben, nämlich 4 der Königin Amalaswintha, 22 des Königs Theodahath, 4 der Königin Gudeliva, 5 des Königs Witigis, lib. XI—XII = 68 Schreiben des Cassiodor selbst als Praefectus praetorio. Die mitgeteilten Decrete, von denen keins vor das Jahr 501 fällt, scheinen principiell chronologisch geordnet zu sein. Das gotische Namenmaterial in dieser Collection amtlicher Schreiben ist natürlich ein reiches; es könnte noch reicher sein, wenn nicht so häufig statt des Personennamens blosses „ille et ille“ gesetzt wäre unter Hinweis auf sonstige verlorene Beischreiben und Listen, besonders bei Gesandten nach auswärts[1]; trotzdem bean-

[1] Schaedel, Plinius der Jüngere und Cassiodorius Senator, Darmstadt 1887, S. 17.

spruсht das Gebotene volle Dankbarkeit für Cassiodors in seiner Praefatio ausgesprochene Absicht, durch die Sammlung das Andenken manches verdienten Goten der Vergessenheit zu entreissen. Nimmt man hinzu, dass Cassiodor vermutlich gotisch verstand [1], dann muss die linguistische Ausbeute dêr Varien als eine ganz bedeutende erscheinen. Leider aber fehlte bis jetzt eine kritischen Anforderungen auch nur annähernd entsprechende Ausgabe [2]. Mit um so grösserer Freude muss es begrüsst werden, dass diesem Mangel in nächster Zeit abgeholfen werden soll: Theodor Mommsen will seinem Jordanes in den Auctores antiquissimi der Monumenta Germaniae nun auch Cassiodors Varien folgen lassen. Die germanistischen Beiträge für die Indices wird Edward Schröder liefern, wie sie Karl Müllenhoff für die Indices des Jordanes geliefert hat. Und der freundlichen Vermittlung des Herrn Professor Schröder habe ich es zu danken, dass mir Herr Professor Mommsen Einblick in den Teil seines kritischen Apparates gestattete, welcher sich auf die gotischen Eigennamen bezieht, nachdem er mir früher schon für die ersten fünf Bücher die von Mor. Haupt hergestellte Collation des wichtigsten Codex, eines Leidensis aus dem zwölften Jahrhundert [3], zur Verfügung gestellt hatte. Beiden Gelehrten sei auch hier mein aufrichtiger Dank gesagt und dafür der Hoffnung Ausdruck gegeben, dass die grammatischen Resultate dieses Buches für die Herstellung des Varientextes oder wenigstens der Indices gelegentlich von Nutzen sein möchten. — Die meisten Personennamen der Varien sind für die Ostgoten nur hier belegt; und da die Erlasse im einzelnen nicht datiert sind, so behandele ich im nächsten Capitel das gesamte den Varien entstammende ostgotische Namenmaterial in ununterbrochenem Zusammenhange: es wäre daher eine Wiederholung dasselbe auch hier hinter

---

[1] Mommsen, Jordanes, praef. XXXVII; Schaedel 20.

[2] Vgl. z. B. Schaedel S. 3. 33, 1.

[3] Die Schreibungen dieses Cod. sind teilweise schon zu finden in Ludovici Trossii in Cassiodori Variarum libros sex priores symbolae criticae (Hammone 1853), ohne dass darin Förstemanns Zutaten das gotische Namenmaterial entsprechend zu verwerten gewusst hätten.

einander aufzuführen, und es genügt auf „Anna“ ff. zu verweisen. Zur Textkritik darf ich nach Mommsens Notizen erwähnen, dass er die Überlieferung im allgemeinen für zuverlässig hält, obwohl die Hss. sämtlich nicht alt sind und nicht über das 12. Jahrh. zurückgehen. Die Inscriptionen der Briefe pflegen in den besten Hss. zweimal zu stehen, einmal zusammengefasst als Latercula an der Spitze des Briefes, einmal im Text, was Mommsen unterscheidet durch L^1, L^2, M^1, M^2. Was die Hss. im einzelnen angeht, so sind für lib. I—VII die zwei Codd. L (der oben erwähnte Leidensis) und P massgebend, die beide aus gleicher Urhs. stammen, von denen aber L weit zuverlässiger als P ist. Für I—IV, 39 kommt noch ein viel schlechterer, aber von LP unabhängiger M hinzu. Lib. VIII—XII stützen sich vornehmlich auf BZG, von denen B und Z derselben Familie angehören; B ist die beste Hs., hat aber die Inscriptionen nur in lib. X; G ist nur ein sehr incorrecter Auszug, aber von BZ unabhängig; daneben noch T für VIII, 1—10.

Der sogenannte Anonymus Cuspiniani (Wand. 19) ist eine Chronik, welche in der Wiener Hs. mit dem Chronographen vom Jahre 354 verbunden ist und eine doppelte Fassung zeigt: eine ausführlichere bis 496, die in Ravenna geschrieben und namentlich für das letzte halbe Jahrhundert wertvoll ist, und eine knappere mit verschiedenen Lücken bis 539 (ed. Mommsen, Abh. d. K. Sächs. Ges. d. Wiss. II, phil.-hist. I, p. 656):

ad a. 490. 491. 493 (bis) *Theodericus*, 493 (ter). 523 *Theodoricus*.

519 *Eutarcus Cilliga*.

533 *Theodatus*.

533 *Guitigis*.

Aus der Vita Fulgentii (Wand. 25) um 540 (ed. Migne, Patrol. lat. 65):

XIII, 27 (Sp. 130) *Theodericus* (*Theodoricus*).

Die Namen aus der jüngeren Fortsetzung des Marcellinus Comes s. schon bei letzterem, o. S. 23.

Es sei hier, gegen die Mitte des 6. Jahrhs., der Liber pontificalis eingereiht (ed. Duchesne, I, Paris 1886). Diese

Sammlung von Papstviten, welche früher dem Anastasius Bibliothecarius (gest. 886) zugeschrieben wurde, ist nach den Forschungen ihres neuen Herausgebers sicher nicht vor dem Pontificat des Symmachus (498—514) begonnen, jedoch ist ihr erster Teil (bis Silverius 537) noch zur Gotenzeit redigiert und enthält ausserdem Notizen von zeitgenössischer Hand über die Periode von Bonifacius II. bis Silverius. Die wenigen Gotica, welche aus späteren Abschnitten für uns in Betracht kommen, sind im folgenden unmittelbar angeschlossen. Da der erste Band noch ohne Register ist, führe ich alle von mir excerpierten Stellen an:

287, 5 *Gothi* (*Guti, Goti*), 290, 10. 11. 14 *Gothi*, 291, 2 *Gothi* (*Goti*), 3 *Gothi*, 8. 11 *Gothi* (*Goti*), 12 *Gothi* (*Goti, Gotthi*), *Gothi* (*Goti*), 13 *Gothi* (*Gotthi*), 292, 14 *Gothi* (*Guti*), 293, 1 *Gothi* (*Gutti*), 296, 2 *Gothi* (*Guti*), 298, 12 *Gothi*, 299, 2 *Gothi* (*Guti*), 305, 9 *Gothi*, 312, 11 *Gothi* (*Guti*).

252, 2. 255, 1 *Theodoricus* (*Teodoricus, Theodericus*), 258, 2 *Theodoricus* (*Theudoricus, Theodericus*), 260, 2 *Theodoricus* (*Theodericus, Teodericus*), 5 *Theodoricus* (*Teode-*), 11 *Theodoricus* (*Teodo-*), 269, 2. 7 *Theodoricus*, 270, 7. 17. 271, 15. 275, 2. 3. 6 *Theodoricus* (*Theode-*), 17. 276, 3. 5. 10. 279, 1 *Theodoricus*, 287, 7 *Theodoricus* (*Theode-*).

279, 5 *Athalaricus* (*Atala-, Adalricus*), 281, 2 *Athalaricus* (*Atala-*), 285, 2 *Athalaricus* (*Adtala-*).

281, 1 *Sigibuldus* (*Gisiboldus, Sigivuldus*).

287, 5 *Theodatus* (*Teodotus*), 6 *Theodatus* (*Theodadus, Teodotus*), 290, 2 *Theodatus* (*Theodotus*), 2. 7. 9 *Theodatus*.

287, 7 *Amalasuenta* (*-suuinta, -suinta, -sunta, -suincta, -sinda, -sumta, -suitha*), 290, 8 *Amalasuenta* (*-suinta, -sunta, -sinta, -sintha*).

290, 7. 8 *Witigis* (*Guitigis*), 17 *Witigis* (*Withigis, Guitigis, Gutigis, Guitiges*), 291, 3 *Witigis*, 10 *Witigem* (Acc.; al. *Witigitem, Gitigim, Guttigem*), 296, 2 *Witigis* (Acc.; al. *Guitigem, Gothicem*).

298, 12 *Badua qui Totila nuncupatur* (*Bandua, Vadua; Totilla*).

309, 1 *Unigildus* (*Unigeldus, Winnigildus, Winigildus, Vingilius, Gildus*).

An diese Lebensdarstellungen der Päpste mögen sich ihre Briefe im Zusammenhang anschliessen, obwohl dieselben chronologisch correcter nach ihren Daten verteilt werden könnten: Epistolae romanorum pontificum, rec. Andreas Thiel, I, Brunsbergae 1868:

pag. 390 (anno 494—495) *Zeja* (nur in neueren Ausgaben *Ezechia*).

489. 490. 658 (a. 501). 695 (a. 507). 768 (a. 516). 938 (a. 520) *Theodoricus*, 670 (a. 501). 672 (a. 501) *Theodericus*, 678 (a. 501) *Theudericus*.

502 *Hereleuva*.

662 (a. 501) *Arigernus* (pleraque mss., al. *Aligernus, Aliernus, Ariernus, Aligenus*).

662 (a. 501) *Gudila* (*Judila, Godila, Gudela*).

662 (a. 501) *Bedeulfus* (*Vedeulphus, Bereulphus, Bideulfus, Verdulfus*).

675 (a. 501) (bis). 681 (a. 501) *Gudila, Bedeulphus, Arigernus*.

854—904 (a. 519) *Eutharicus* (11 mal).

Dazu kommen aus der Britischen Sammlung von Papstbriefen, welche P. Ewald im Neuen Archiv V (1880) abgedruckt hat, aus Briefen von Gelasius (a. 492—496):

pag. 511. 515 *Theodericus*, 522 *Thedericus* (= Thiel 489).

513 *Zeia* (*Teia* Hs.), 523 *Zeia* (= Thiel 390).

521 *Ereleuua*.

Aus Briefen von Pelagius I. (555—560):

pag. 533 *Hisdevalde* (Gen.; al. *Hildivade, Hilviade*).

543 *Sindua* (*Sindula*), 558 *Sindula*.

556 *Anilani* (Dat.).

559 *Gurdimeri* (Dat.).

Mögen die genannten Ausgaben des Liber pontificalis wie der Epistolae bald fortgesetzt werden; für unsern Zeitraum reichen sie aus, während man bei weiteren Untersuchungen, etwa westgotischen, zu der umfangreichen Sammlung von Mansi (Sacrorum Conciliorum nova et amplissima collectio, Florentiae et Venetiis 1759—1798) seine Zuflucht zu nehmen hätte, und diese Folianten sind bei dem Mangel eines Registers sehr unbequem für unsere Zwecke zu gebrauchen, von ihren textkritischen Schwächen zu schweigen. Vgl. oben S. 5, 3.

Der sogen. Anonymus Valesii (in Gardthausens Ammianus Marcellinus) geht auf zwei verschiedene Quellen zurück: während die erste Hälfte etwa 390 geschrieben wurde, entstand der zweite Teil, die Jahre 473—526 umfassend, in Ravenna um die Mitte des 6. Jahrhs.:

Gothi, *Gothicus*.
Theodericus.
§ 58 *Ereriliua* (*Erereliua*).
63 *Areuagni* (Acc.; al. *areec agni*).
68 *Amalafrigda*.
70 *Amalabirga*.
63 *Theodegotha*.
80. 81 *Eutharicus*, 82 *Eutharicus* (*Euthericus*).
82 *Cilliga*.
96 *Athalaricus*.
68 *Odoin*.
82 *Triuuane* (Abl.; al. *Triaue*).

In cultur- und wirtschaftsgeschichtlicher Beziehung sind die von Marini 1805 veröffentlichten Papiri diplomatici, Abdrucke ravennatischer Papyrusurkunden, eine wertvolle Quelle. Marinis Lesungen dürfen als zuverlässig gelten [1], wenn man nur der grossen graphischen Ähnlichkeit eingedenk bleibt, welche namentlich die Zeichen für *a* und *u*, sowie für *r* und *s* in dieser ravennatischen Cursive unter einander haben. Trotzdem lässt der Umstand, dass Marini nur eine nach ganz äusserlichem Gesichtspunkt zusammengestellte Auswahl bietet, den dringenden Wunsch gerechtfertigt erscheinen, dass alle diese Schätze, vielleicht mit

[1] Trotz der Recension in den Heidelb. Jahrb. d. Lit. 1809.

einer hochherzigen staatlichen Unterstützung, noch einmal an Ort und Stelle gründlich durchforscht werden möchten. Die meisten der für uns in Betracht kommenden Urkunden entstammen der Mitte des 6. Jahrhs.; doch habe ich auch solche, welche erst nach 553 entstanden sind, berücksichtigt, soweit Form oder sonstiges Vorkommen ihrer Namen auf Gotenreste hinweist. Da die meisten der Namen aus Marini aber für die Ostgoten nur hier belegt sind, so erfahren sie im nächsten Capitel eine selbständige Behandlung im Zusammenhange, und es genügt dorthin zu verweisen. Dazu gehören auch die beiden bekannten gotischen Urkunden von Arezzo und Neapel, über welche gleichfalls im nächsten Abschnitt.

Für Jordanes sei auf Wand. 26 f. verwiesen. Er war nach eigner Aussage Gote und gehörte wohl zu den Volksteilen, welche nicht mit Theoderic nach Italien aufgebrochen waren. Seine historische Schriftstellerei fällt ins Jahr 551. Dass seiner Gotengeschichte das sonst verlorene Werk Cassiodors zu Grunde liegt (s. o. S. 24), dass sie zum Teil wörtliche Excerpte aus demselben enthält, spricht genug für den Wert des Jordanes speciell für unsere Zwecke. Die Ereignisse nach 526 erzählt er nach eigner Kunde. Was die Überlieferung betrifft, so gehen alle Hss. auf denselben Archetypus zurück, welcher bereits Fehler enthielt, die nachweislich von ihm auf alle Abschriften vererbt sind. Ich citiere im folgenden nur die Schreibarten der ostgotischen Namen aus der italienischen Zeit; grade für die Nomina propria giebt Mommsens Apparat erschöpfende Lesartenzusammenstellung (vgl. S. 167 seiner Ausgabe). Für alles andere genügt ein Hinweis auf die Indices in seiner Ausgabe (1882, Mon. Germ. auct. antiqu. V, 1) und Müllenhoffs dortige Beigaben.

59, 12. 64, 22 u. ö. *Ostrogothae* (vereinzelte Varianten *Hostro-*); sonst immer *Gothi, Gothicus;* 73, 15 *Gothia*, 75, 9 *Gotia* (*Gothia*).

59, 11 „*Mixi, Evagre, Otingis*“: s. i. nächst. Cap. u. „Greotinge“.

64, 23. 76, 18 u. ö. *Amali* (nur 76, 18 mit der Variante *Hamali*).

44, 30 u. ö. *Theodoricus* (dazu die häufige, aber nicht regelmässige Variante *Theodericus*, ausserdem zu 45, 10. 128, 12. 15 *Thedericus*, 51, 13 *Theodocricus*), 77, 5 (bis: Acc. Nom.) *Theodericum Theodericus* (*Theudericum*).

128, 2 *Erelieva* (*Herilieua, herili sua*).

135, 3 *Amalafrida* (*-freda*).

134, 17 *Thiudigoto* (*Tiudigotho, Theodicodo, Theudicodo, Theudigotam*).

134, 17 *Ostrogotho* (*-gotam*).

135, 5 *Amalaberga* (*Maleberga*).

48, 12 u. ö. *Amalasuentha* (al. *Ama-, Amalae-, Amale-, Mala-, Mathe-; -suuentha, -suenta, -suinta, -senta*), 77, 10 *Amalasuintha* (*-suentha* usw.).

77, 6 *Eutharicus* (*Deutha-, Deuthe-, Deuthari, de atharico*), 77, 9. 122, 19. 134, 21. 136, 8 *Eutharicus* (al. *Euthe-, Eotha-, Ectha-, Atha-, Eute-, Euta-; -rius*).

135, 6 *Pitzamum* (Acc.; al. *Pitxamum, Pizzamum, Petzamin, Pitzamin, Pitzam*), 135, 17 *Petza* (*Pezza, Pizza, Pitza*).

135, 19 *Ibba* (*Hibba, Iba, Biba*).

48, 11 u. ö. *Athalaricus* (al. *Athalricus, Alla-, Athla-, Atha-, Atala-, Alatha-*).

48, 14 u. ö. *Theodahadus* (al. *Theodo-, Theuda-, Teodo-, Theode-; -adus, -baldus, -badus; Theodatus, Theudatohalus*).

48, 20 *Sinderith* (*-rit*), 137, 6 *Sinderith* (*-rit, -rich*).

48, 27. 137, 8. 10 *Evermud* (*-muth, -mut, -moth, -mor, -mundus, -mund*).

49, 1 *Vitiges* (*Uuiti-*), 49, 6. 15. 51, 13 *Vitigis*, 77, 11 *Vitigis* (*Uuidicis, Uuidechis*), 77, 12 *Vitigis* (*Uuiticis, Uuidechis*), 137, 14 *Vitiges* (*Vite-, Vitti-, Uuiti-; -gis*), 137, 18 *Vitigis* (*Uuiti-, Vitti-; -gim,*

-*gem*, -*gen* [Acc.]), 137, 20 *Vitigis* (*Vitti-*; -*ges*), 137, 15. 138, 3. 6. 13 *Vitiges*.

49, 9 u. ö. *Maathesuenta*, *Mathesuentha*, *Matesuentha*, *Mathesuenta* (al. *Athe-*, *Matha-*; -*scuntha*, -*suerita*, -*suinta*, -*suenda*, -*seuentha*).

49, 13 *Hunnila*, 138, 3 *Hunila* (*Unila*).

50, 15 *Heldebadus* (*Elde-*, *Hilde-*), 50, 17 *Heldebadus* (*Hilde-*), 19 *Heldebadus* (*Elde-*).

50, 29 u. ö. *Totila* (al. *Totilla*).

50, 19. 29 *Baduila*.

Über Procopius von Caesarea vgl. Wand. 28. In seinem Geschichtswerk behandeln die Bücher I. II die Perserkriege, III. IV den Wandalenkrieg, V—VIII den Gotenkrieg (bis 553). Procops Stellung als Secretär Belisars seit 527 kennzeichnet seine Bedeutung als Geschichtsschreiber seiner Zeit; vgl. Mommsens Urteil über seine Zuverlässigkeit im Neuen Archiv XIV, 519, 2. Ed. Dindorf, I—III, Bonnae 1833:

Γότϑοι.

Θευδέριχος.

I, 346, 9. 349, 23. II, 16, 20. 65, 7. 593, 19 *Ἀμαλαφρίδα*.

II, 65, 7 *Ἀμελοβέργα*.

II, 65, 5 *Θευδιχοῦσα*.

I, 370, 19 u. ö. *Ἀμαλασοῦνϑα*.

I, 370, 18 u. ö. *Ἀταλάριχος* (al. *Ἀτάριχος*).

II 61, 11 *Ματασοῦνϑα*, 185, 22 *Ματασοῦνϑα* (*Μαλα-*), 264, 11 *Ματασοῦνϑα* (*Ἀμαλα-*), 447, 1 *Ματασοῦνϑα* (*Ματτα-*, *Μετα-*).

I, 357, 8 u. ö. *Γώδας*.

II, 16, 19 u. ö. *Θευδάτος*, 21, 11 *Θευδάτος* (-*δαίτος*), 29, 8 *Θευδάτος* (-*ᾶτος*).

II, 18, 21 *Οὐλίαρις*, 296, 20 *Οὐιλίαρις* (*Οὐάλαρις*, *Οὐαλίαρις*, *Οὐαλιάριος*), 297, 6. 11. 18. *Οὐιλίαρις*.

II, 33,8 *Γρίππας* (*Γρίπα*), 37, 1. 6. 21. 38, 11 *Γρίππας*.

II, 33, 7 u. ö. *Ἀσινάριος*.

II, 39, 3 *Ἐβριμοὺϑ* (*Ἐβρίμου*, *Ἐβρίμος*).

II, 61, 8 u. ö. *Λεύδερις*.
II, 58, 24 *Θευδέγισκλος*.
II, 39, 4 *Θευδενάνθῃ* (Dat.).
II, 58, 10. 12. 13 *Ὄπταρις*.
I, 156, 7. 216, 1 *Οὐίττιγις*, 216, 2 *Οὐιττίγιδος* (Gen.; al. *Ἰουττίγιδος*), II, 58, 6. 10 und immer *Οὐίτιγις*.
II, 71, 13 u. ö. *Μαρκίας*.
II, 99, 15 *Ἄλβην* (Acc.).
II, 76, 20. 77, 2 *Πίτζας*, 81, 18 *Πίτζας* (vulgo *Πίσσας*).
II, 81, 18 *Οὐνίλαν* (Acc.).
II, 92, 22. 93, 6 *Οὔακις*.
II, 82, 18. 187, 18 *Οὐλιγίσαλος*.
II, 91, 12 *Βανδαλάριος*.
II, 91, 12. 17 *Οὐίσανδος*, 188, 1 *Οὐίσανδος* (-δρος).
II, 187, 17 *Γιβίμερα* (Acc.).
II, 174, 19 *Οὐλίαν* (Acc.).
II, 184, 17 *Οὐλίθεος*.
II, 187, 18. 226, 13 *Ἀλβίλας*.
II, 188, 2 *Μόρρᾳ* (Dat.; al. *τῷ μωρᾷ*), 223, 2 *Μορράς*.
II, 196, 3 u. ö. *Οὐραΐας*.
II, 265, 4 *Σίσιγις*.
II, 197, 12. 22 *Οὐάκιμος*.
II, 272, 4 u. ö. *Ἰλδίβαδος*.
Τωτίλας (*Τουτίλλας* Vat., *Τουτίλας* Reg.).
II, 298, 14 *Βλέδαν* (Acc.).
II, 298, 14 *Ῥουδορίχος*, 358, 21 *Ῥουδέριχος* (-λιχος), 360, 4 *Ῥουδέριχος*.
II, 326, 9 *Σισίφριδος*.
II, 358, 1 *Ὄσδας* (*ὅς δὲ*).
II, 354, 15 *Ῥεκιμούνδος*.
II, 577, 12. 579, 9 *Γίβλας* (*Γιβαλ*).
II, 577, 12 f. *Γουνδοὺλφ* (Acc.; *Γουνδούλ, Σουνδουλ*), *ὅσπερ . . . . ., τινὲς δὲ αὐτὸν Ἰνδοὺλφ* (*Ἰνδοὺλ*) *ἐκάλουν*; 579, 9 *Ἰνδούλφ* (*Ἰλδούφ, Γουνδούλφ*), 584, 9 *Ἰνδούλφ* (*Ἰλδούφ, Γουνδοὺλ*), 642, 20 *Ἰνδούλφ* (*Ἰλδούφ*).

II, 577, 12. 579, 8. 625, 5 *Σκιπουάρ*.
II, 600, 19 u. ö. *Τεΐας*.
II, 602, 21 u. ö. *Γόαρ*.
II, 633, 15. 634, 13 *Ῥάγναρις*.
II, 606, 21. 608, 14. 21 *Οὐσδρίλας*, 608, 4 *Οὐσδρίλας* (*Οὐδρίλας*), 608, 8 *Οὐσδρίλας* (*-λλας*).
II, 10, 7 *ἀλλὰ ῥὴξ τε διεβίω καλούμενος, οὕτω γὰρ σφῶν τοὺς ἡγεμόνας οἱ βάρβαροι καλεῖν νενομίκασι.*

In Juliani epitome latina novellarum Justiniani (instr. G. Haenel, Lps. 1873) findet sich (pag. 185 ff.) eine Epitome constitutionum Justiniani de reformanda Italia (gewöhnlich citiert als Sanctio pragmatica pro petitione Vigilii) vom 13. August 554 (ich gebe die Schreibungen des Cod. 2, eines „Juliani Novellarum exemplar vetustissimum", daneben in Klammern die Abweichungen in 3a und 7):

XV *Gothicus* (*Gut-*, *Gotth-*, *Guth-*).
VIII *Theodoricus* (*Theudericus* 7), XXII *Theodoricus* (*Theudericus*, *Theodericus*).
I *Amalacuncta* (*-cynta*, *Malauncta*), *Amalasuintha* (*-suinta*, *-siuntha*).
I *Attalaricus* (*Atalaricus* 7), *Attalaricus* (*Athala-*, *Adala-*).
I *Teudatus* (*Theodatus*, *Teodatus*), *Teodatus* (*Theodatus*, *Teudatus*), *Theodatus*.
II *Totilanem* (Acc.), *Totilane* (Abl.), V *Tutela* (Abl.; al. *Totila*), VIII *Tutelae* (Gen.; al. *Totilae*), XXIV *Tutelae* (Gen.; al. *Totilae*, *Atile*).

Aus des Liberati Diaconi breviarium von 556 (ed. Migne, Patrol. lat. 68):

p. 1039 u. ö. *Gothi*.
Ib. *Theodatus*.

Zu Tiro Prosper Aquitanus und seinen späteren Bearbeitern vgl. Wand. 16. 24. 31. Die jüngste Fortsetzung seines Geschichtswerkes, das bis 560 gehende sog. Auctarium Prosperi, gewährt folgende Gotica (ed. Ronc. I):

725. 727 *Theodoricus.*
730 *Eutaricus.*
730 *Cillica.*

Die Chronik des Victor von Tunnuna (Wand. 29) ist erhalten für die Jahre 444—566 und setzt Hieronymus und Prosper fort. Über die Randbemerkungen zu derselben vgl. unten S. 37. Ed. Ronc. II, mit dessen Lesungen auch die der ed. Canisii (1600) übereinstimmen:

345 u. ö. *Gothi.*
361 *Amalafrida.*
375 *Totila.*

Die Historiae Francorum des Gregor von Tours (538—594; Wand. 30) stammen in drei Absätzen etwa aus den Jahren 575 (lib. I—IV, hier allein in Betracht kommend), 580—585 (V. VI), 591 (VII—X) und zeigen in den bis ins 7. Jahrh. zurückgehenden Hss. die ganze Verwilderung des merowingischen Zeitalters (ed. W. Arndt 1885, Mon. Germ. script. rer. Meroving. I, 1):

52, 7 *Goti*, 70, 15 u. ö. *Gothi* (*Goti*), weiter allgemein *Gothi* (mit vereinzelten Varianten *Ghoti*, *Goti*, *Gothii*, *Ghothi*, *Ghotti*), 186, 20 *Ghotia* (*Gothia*, *Ghotia*, *Gotia*).

108, 2. 112, 2. 10. 21. 134, 17 *Theudoricus* (*Theodo-*, *Theude-*; *Theuderichus*, *Theoderichus*); in Gregors Liber in gloria martyrum 513, 13 *Theodericus* (*Theodo-*, *Teode-*), 540, 1 *Theodoricus* (*Theode-*, *Theoricus*).

111, 9 *Amalaberga.*

135, 11 *Theodadus* (*Theudadus*, *Theodatus*, *Theudotus*), 17 *Theodadus* (*Theodotus*).

134, 20 *Traguilanem* (Acc.; al. *Traguillanem*, *Trauuilanem*), 135, 2 *Traguilanem* (Acc.; al. *Tranguilanem*).

Agathias aus Myrina in Kleinasien (ca. 536—582) schrieb nach 577 als Fortsetzer Procops fünf Bücher *Ἱστορίαι* (ed. Niebuhr, Bonnae 1828):

Γότθοι.
13, 13. 27, 4 *Θευδέριχος.*

13, 14. 16 *Θεύδατος*.
13, 16 *Οὐΐττιγις*.
14, 2. 11. 21, 3. 31, 8 *Τώτιλα*.
14, 1. 23, 10. 31, 9. 56, 1 *Τεΐας*.
14, 3. 55, 20 *Φρεδίγερνος*.
31, 15 u. ö. *Ἀλίγερνος*.
92, 9. 93, 9. 12 *Ῥάγναρις*.

Der Annalist Marius, Bischof von Avenches 574—593, lieferte eine wertvolle Fortsetzung des Chronicon imperiale für die Jahre 455—581, welche nur in einer, Orthographie und Sprachgebrauch der Vorlage, ja damit des Archetypus bewahrenden Hs. erhalten ist (ed. W. Arndt, Lps. 1875):

Gothi, nur ad a. 568 einmal *Goti* und so immer in der jüngeren Fortsetzung.
Ad a. 484 *Theodoricus*, 489 *Theudoricus*, 493 *Theudericus*, 526 *Theudoricus*.
500 *Odoind*.
509 *Mammo*.
519 *Euterius*.
526 *Atalaricus*.
540 *Wittegis*.
547. 553. 568 *Baduila*.
553. 554. 568 *Teia*.

Papst Gregor der Grosse (540—604) schrieb zum Ruhme der italienischen Ahnen seine Dialoge 593—594 (Mon. Germ. script. rer. Ital. et Langob. 525):

525, 34 *Gothi* (*Guti*), 526, 31 *Gothi* (*Godi*), 527, 1 u. ö. *Gothi*, 530, 16 *Gothi* (*Goti*).
540, 9 *Theudoricus* (*Teude-*, *Teodo-*, *Theode-*), 20 *Theudericus* (*Theode-*, *Theodo-*).
Totila.
527, 9 *Ruderic* (*Roderigo*, *Rudirig*, *Ruderid*, *Ruodirich*).
527, 9 *Blidin* (*Blindin*).
525, 34 *Darıda* (I, 2).
527, 6. 12. 15 *Riggo*.

527, 9 *Vul* (*Vult*, *Vuld*).

528, 24 *Zalla* (*Tzalla*).

Die Ecclesiasticae historiae libri VI (431—594) des Euagrios, des mit dem Patriarchen Gregor (570—593) befreundeten Quästors und Präfecten in Antiochia, sind eine letzte Fortsetzung des Eusebios (ed. Migne, Patrol. graec. 86[b], col. 2415 squ., nach der Edit. Henrici Valesii, Lond. 1720):

IV, 18. 20 *Γότθοι.*

III, 27. IV, 18 *Θευδέριχος.*

IV, 18 *Ἀμαλασοῦνθα.*

IV, 18 *Ἀταλάριχος.*

IV, 18 *Θευδάτος.*

IV, 18 *Οὐιττίγιδος* (Gen.), *Οὐίττιγις*, *Οὐίττιγιν* (Acc.).

IV, 20. 23 *Τώτιλα.*

IV, 23 *Τεΐαν* (Acc.).

Das Chronicon breve unbekannten Verfassers oder Chron. Ruinart. (nach seinem ersten Herausgeber) aus dem Ende des 6. Jahrhs. (Wand. 31; ed. Ronc. II):

258 *Gothi*, 259. 260. 261. 262 *Gotthi.*

262 *Theodericus cognomento Valamer*, 263 *Theodericus.*

263 *Athalaricus.*

Gegen 600 setzt Menander in Constantinopel die Geschichte des Agathias fort für die Jahre 558—582 (ed. Niebuhr, Bonnae 1829):

Γότθοι.

283, 4 *Οὐίττιγιν* (Acc.).

III. QUELLEN SEIT DEM 7. JAHRHUNDERT.

Aus den oben S. 35 erwähnten Randglossen zur Chronik des Vict. Tunn., welche von dem 619 verstorbenen Maximus von Saragossa herrühren sollen (Ronc. II):

357. 358 *Theodoricus.*

357 *Helbane* (Abl.).

Isidor von Sevilla (gest. 636) (Wand. 32) schrieb sein bis 615 reichendes Chronicon im Anschluss an Jul. Africanus, Hieron., Vict. Tunn. (ed. Ronc. II; ed. Matrit. 1778) und sodann seine auf Hieron., Oros., Idat., Vict. Tunn., Joh. Biclar. fussende Historia de regibus Gotthorum, Wandalorum et Suevorum (253—625) (ed. Matrit. 1778; auch bei Hugo Grotius, Hist. Got. Wand. et Langob., Amsterdam 1655):

chron., Ronc. II, 419 u. ö. *Gotthi* (*Gothi*), 458 *Ostrogotthi*, Matr. 145 *Gothi, Gotthi*, 147 u. ö. *Gotthi*, 151 *Ostrogotthi*; hist., Matr. 203 u. ö. *Gotthi*, 210 *Ostrogotthi*, Grot. 705 ff. *Gothi*, *Ostrogothi*.

Chron., Ronc. II, 457 *Theodoricus*, Matr. 149 *Theodoricus* (*Theudo-*); hist., Matr. 209 u. ö. *Theudericus*, Grot. 720 f. *Tudericus*, *Theodericus*, *Teudericus*.

Hist., Grot. 721 *Ebbave* (Abl.; Mommsen, Jord. 151, liest *Ebbane*).

Chron., Ronc. II, 458, Matr. 151 *Tottila*.

Aus dem Chronicon paschale, 629—630, (Wand. 32; ed. Dindorf, Bonnae 1832):

604, 15 *Θευδερίχ* (*Θεοδωρίχῳ*), 602, 19 *Θεοδώριχος*.
605, 12 *Ἀταλλάριχος*.

Die *Χρονογραφία* des Joannes Malalas (bis 565) wird von Sotiriadis (Kritik des Joh. v. Antiochia, Lpz. 1887) ins 7. Jahrh. unter Phocas und Heraclius (603—641) gesetzt, während man sie früher in die Zeit Justins II. (565—578) wies (Wand. 30; ed. Dindorf, Bonnae 1831):

Γότθοι.
380, 4 u. ö. *Θευδερίχος*.
460, 1 *Ἀθαλάριχος*.
465, 9. 11 *Τζίττας*.

Aus den Ergänzungen zu den ersten sechs Büchern (bis 584) von Gregors Frankengeschichte, der sogen. Historia Francorum epitomata, die dem Scholasticus Fredegar zugeschrieben werden und um 660 in Burgund entstanden sind (Wand. 33; ed. Krusch 1888, Mon. Germ. script. rer. Merov. II):

43 u. ö. *Goti*, *Gothi*, *Ghothi*.

44. 78 u. ö. *Theudericus*.

103, 30 *Amalberga*.

106, 2 *Theothatus* (*Teuthadus*, *Thedatus*, *Theothadus*), 6 *Theuthadus* (*Teodatus, Theodatus*).

106, 7 *Tutila*.

Die römische Geschichte des Paulus Diaconus (um 725—797; Wand. 33) entstand vor 774 (Mon. Germ. auct. antiqu. II), die langobardische nach 787 (Mon. Germ. script. rer. Langob. et Ital., p. 45 squ.):

rom. *Gothi*, 209, 17 *Ostrogothae* (*-gothi*) u. ö., 214, 1 *Ostrogothi*; lang. *Gothi*.

Rom. 216, 5 *Amali* (*Alami*, *Halami*, *Halani*, *Alani*).

Rom. 211, 15 u. ö. *Theodericus* (gelegentliche Varianten *Teode-*, *Theodo-*, *Theude-*; *Theoricus*), 217, 14 *Theodoricus*; lang. 87, 18 *Theudericus* (*Teude-*, *Theode-*, *Teode-*; *Thiadric*, *Thiadricus*), 124, 1 *Theudericus* (*Federicus*), 196, 26 *Teodoricus*, 29 *Theodoricus*.

Rom. 212, 4 *Arileuva* (*-leuba, -leua*).

216, 1. 2 *Amalafreda*.

216, 3 *Theodicodo* (Acc.).

216, 3 *Ostrogotho* (Acc.; al. *-godo*).

216, 2 *Amalaberga* (*Malaberga*, *Malauerga*).

216, 4 *Amalasuintha* (*-suinda*, *Amalauintha*), 219, 18. 220, 7. 221, 12 *Amalasuinta* (*-suuinta*, *-suuinda*, *-subinta*, *-sunta*, *-suuintha; Amasuuinta*, *Amalsuinta*).

216, 4 *Euthuricus* (*Autha-*).

219, 6 *Ibba* (*Ibbla*, *Ippia*).

220, 8. 221, 7. 9. 11 *Theodatus*, 220, 11 *Theodatus* (*Theodotus*).

221, 11 u. ö. *Witigis* (gelegentliche Varianten *Wittigis*, *Guitigis*, *Guittigis*, *Guitiguis*); lang. 62, 20 *Witichis* (Abl.; al. *Withi-*, *Uuti-*, *Winti-*, *Vinti-*; *Withicis*, *Witigis*, *Witachis*, *Witichisi*, *Withichisi*, *Witihisi*, *Withigiso*, *Withisi*, *Wittisi*, *Wilticis*).

Rom. 224, 1 *Heldebadus* (*Hilde-*).
224, 3 *Baduila* (*Baduilla*).
224, 3. 9. 19 *Totila*; lang. 72, 20. 25 *Totila*.
Lang. 73, 4 *Widin* (*Widim*, *Windin*, *Widi*. *Guidin*), 6 *Widin*.

Die Gesta episcoporum Neapolitanorum, welche unter dem Namen des Diacons Johannes gehen, zerfallen in drei verschiedene Teile, von denen der erste um 800 entstand, im wesentlichen aus den Gesta pontif. rom. schöpfte, aber weiter alle bekannteren kirchen- und weltgeschichtlichen Vorarbeiten benutzte (Mon. Germ. script. rer. Lang. et Ital. 402 squ.):

Gothi.
410, 8. 16 *Theodericus*, 20. 23 u. ö. *Theodoricus*.
411, 9 *Amalesuinta*.
410, 43 *Athalaricus*.
411 *Theodatus*.
411, 33. 34 *Guitigis*, 38 *Vitigen* (Acc.).

Aus den zehn Büchern der Chronographia des Theophanes Isaacius Confessor, 758—817, (Wand. 34; ed. Classen, Bonnae 1839. 1849):

Γότϑοι.
Θευδέριχος.
288, 11 *Ἀμαλαφρέδα* (*Μαλαφριδά*), 289, 15 *Ἀμαλαφρίδα*.
293, 11 *Ἀμαλασοῦνϑα*.
293, 12 *Ἀταλάριχος*.
291, 14 *Γόγδας*.
354, 3 *Τωτίλα* (*Τώτιλλα* vulg. et sic ubique), 5 *Τώτιλα*.

Das im Kloster Moissac bei Toulouse ca. 818 entstandene Chronicon (Wand. 35) umfasst den Zeitraum vom 4. bis 9. Jahrh. (Mon. Germ. script. I):

Gothi.
285 *Athalaricus*.
285 *Theüdanus*.
285 *Totilla*.

Agnellus, der Verfasser des Lib. pontific. ecclesiae Ravenn., schrieb sein Werk in verschiedenen Absätzen ungefähr 835—846, nur wenige Quellen wie Paul. Diac., Anon. Vales., Annal. consul. Ravenn. u. a. spärlich verwertend, (Mon. Germ. script. rer. Lang. et Ital. 275 squ.):

Gothi.

303, 5 *Theodoricus* (*Theude-*, *Theode-*) u. ö., 318, 22. 335, 9. 337, 15 *Theodericus*, 334, 19 *Theudericus*.

326, 27 *Unimundus* (*Uuimundus*), 334 22 *Unimundus*.

322, 12 *Malasintha*.

322, 11 *Athalaricus*.

322, 12. 16 *Deodatus*.

322, 21 *Tutilano* (Abl.).

322, 22 *Teia*, 331, 13 *Theia*.

Aus der Vita et translatio S. Sabini episc. Canusini, vermutlich um 850, (ib. 586 squ.):

Gothi.

587, 12 *Totila*.

Aus der ältesten Geschichte des Klosters von Monte Casino, vermutlich um 870, (ib. 468 squ.):

Gothi.

487, 23 *Theodericus*.

Erchemperti historia Langobardorum Beneventanorum, bald nach 886, (ib. 230 squ.):

244, 37 *Trasaricus*.[1]

Im Ausgang des 9. Jahrhs. setzt der Presbyter Andreas die langobardische Geschichte des Paulus Diaconus bis auf seine Zeit fort (ib. 220 squ.):

Gothi.

222, 6. 9 *Totila* (aus Paul.).

---

[1] Es bleibt ganz zweifelhaft, ob er hierher gehört. Nur das Erscheinen desselben Namens auf der unten unter „Wiljaric“ citierten Inschrift lässt ihn mich hierher setzen, weil letztere möglicherweise mit seinem bei Erchempert erwähnten, sonst aber völlig unbekannten Denkmal zusammenhängt.

Die Vita S. Laurentii episc. Sipontini, aus dem 9. Jahrh. oder später, beruht gleichfalls auf Paulus (ib. 543 squ.):

Gothi.

544, 12 *Theodoricus.*

545, 24 *Badiula.*

545 *Totila.*

Das Lexicon des Suidas, etwa von 976, (rec. G. Bernhardy, Halle u. Braunschweig 1853) giebt II, 789 unter dem Stichworte *Σκήψας* den Dativ

Γρουθίγγοις (*Στρουθίγγοις, Γρουθίγγοις*).

Und endlich aus der Historia miscella des Landolfus Sagax, zwischen 977 und 1026, (Wand. 35; Mon. Germ. auct. antiqu. II):

Gothi, Gothicus.

365, 1. 366, 23 *Theodericus.*

DIE OSTGOTISCHEN SPRACHRESTE.

Das hier folgende Capitel hat die Aufgabe, für die einzelnen Ostgotennamen nach all den Schreibungen, welche der vorhergehende Quellenteil aufgezählt hat, die specifisch ostgotische Form zu gewinnen und damit das Material zu liefern für das letzte Capitel, den Versuch einer ostgotischen Grammatik. Die Reihenfolge ist die ungefähr chronologische. Bei der etymologischen Deutung der Namen ist mehr als bisher die nahe Verwandtschaft in Betracht gezogen worden, welche die einzelnen indogermanischen Völker grade in der Bildung ihrer Nomina propria verbindet, weshalb man Fick, Die griechischen Personennamen (Göttingen 1874), häufiger citiert finden wird. Sonst sei für diesen Abschnitt auf Wand. 36 f. verwiesen.

Es wäre leicht gewesen, unsere übliche grammatische Orthographie auch in den ostgotischen Namen consequent durchzuführen: aus practischen Gründen nahm ich hiervon Abstand. Denn wenn z. B. die ostgotische Namensform *Þeuderîk* auch zweifellos ist, so werden wir doch schwerlich dahin kommen, dass unsere Historiker in ihren Darstellungen eine so weit vom quellengemässen *Theodericus* abweichende Schreibung einführen. Und diese Rücksichtnahme auf den historischen Usus veranlasste mich bei der Schreibung *Theoderic* zu bleiben, obwohl *eo* statt ostgot. *eu* gewiss nur dem romanischen Schreibgebrauch sein Dasein verdankt. Wir wollen schon zufrieden sein, wenn die Historiker sich zu der Schreibung *Theoderic* bequemen statt des herkömmlichen *Theoderich* und damit eine Bildung aufgeben, welche inconsequent im Auslaut hochdeutschen Lautstand angenommen, im Anlaut den gotischen beibehalten hat: entweder *Theoderic* oder *Dietrich*, alles Sonstige bleibt Willkür; *Theoderic* aber gleicht ja dem quellenmässig überlieferten *Theodericus* vollkommen, abgesehen von der nur lateinischen Endung. Also aus Rücksicht auf die Historiker zwänge ich die Ostgotennamen — die Einzelüberschriften im folgenden geben sie in der Form, die ich für den modernen historiographischen Gebrauch empfehlen möchte — nicht unter das System einer einheitlichen phonetischen Transscription, sondern schreibe jeden einzelnen in der Lautgebung, welche seine Quellen zeigen. Für die Orthographie gilt daher das Wand. 37 Gesagte.

OSTGOTEN.

Für die Etymologie des Gotennamens seien nur Zeuss 134, Lottner in Kuhns Zeitschrift V, 154, Kremer in den Beiträgen VIII, 446. 447 citiert. Wer die Zeuss-Grimmsche Deutung der „Wandalen“ als der „Umherziehenden“ annimmt, wird auch gegen die „Goten“ als die „Ausgebreiteten“ kein Bedenken haben: got. *giutan* an. *gjóta* ags. *geótan* as. *giotan* ahd. *giozan* „fundere“.

Für die Schreibungen ist immer noch auf Rassmann bei Ersch und Gruber, Sect. I, LXXV, S. 294, 1 zu verweisen. Die in den historischen Denkmälern des gesamten Mittelalters herrschenden Formen *Gothi*, *Γότθοι* sind römische und griechische Nostrificierungen des Volksnamens [1] und machen für seine gotische Form und Aussprache nichts aus. Nach dieser wäre vielmehr lat. **Guti* zu erwarten. Das ursprüngliche *u* der Stammsilbe wird durch das *Gutþiuda* des Kalenders, das runische *gutanio* des Goldringes von Pietroassa [2] und für den ostgotischen Dialect durch die sonstige feste Bewahrung des wulfilanischen *u* [3] bewiesen.

---

[1] Vgl. oben S. 8.

[2] Henning, Runendenkmäler 32.

[3] Vgl. oben S. 9 und unten im „Vocalismus“.

Für die lateinischen Historiker ist es bei dem bunten Wechsel von lat. *u* und *o* [1] nicht zu entscheiden, ob vereinzelte *u* auf derselben mechanischen Vertauschung beruhen oder etwa als reconstruierte germ. *u* aufzufassen sind. Nur (abgesehen von den fraglichen *Γούτωνες* bei Strabon [2]) die *Gutones* bei Plin., die *Γύθωνες* bei Ptol. sind besonders aufzuführen, vielleicht auch die *Guthi* bei Marini Nr. 140. Das ursprüngliche *t* des Wurzelauslauts [3] zeigt sich im gotischen *Gut-þiuda* [4], im runischen *gutanio*, in den an. *Gotar* und ags. *Gotan.* [5] Bei den Historikern classischer Zunge beginnt die Unsicherheit in der Aspiration schon mit Tac.: Germ. *Gothones*, Ann. *Gotones;* und mit den *Γύθωνες* des Ptol. wird das ungerm. *th* fest und bleibt es für die Geschichtschreibung aller Jahrhunderte. Über das bunte und regellose Vertauschen von *t* und *th* für germ. *t* und *þ* vgl. unten unter „Consonantismus". Daher ist auch schwerlich an bewusste Herstellung der germanischen Tenuis zu denken bei den *Austrogoti* des Treb. Pollio, den *Goti* des Ennod., den *Ostrogoti* des Avit., den *Goti* bei Marini Nr. 117, der *aclisia gotica* der Neapeler Urkunde, dem *goticum* im gotischen Trinkspruch, dem gleichmässigen *Goti* im Prosp. Vatican. (Ronc. I, 706 ff., nur 711 einmal *Gothi*). [6]

---

[1] Vgl. oben S. 7.

[2] Vgl. oben S. 19, 2.

[3] Müllenhoff, Zs. IX, 244.

[4] Die Deutung Kremers (Beitr. VIII, 447, dazu 429), der *Gut-þiuda* als nachahmende Schreibung von gr. *Γότϑοι* auffasst und got. **guþ-* oder **gudaþiuda* herstellt, bedarf nach Ablehnung seiner Etymologie keiner Widerlegung mehr; vgl. jedoch unten. Das an. *Goþþjóþ* (Grimm, Heldensage² 5. 6) zeigt jüngere Assimilation.

[5] Nähere Nachweise bei Rassmann a. a. O.

[6] Noch ein Wort über die gr. *Γότϑοι*. Das feststehende lat. *Gothi*, das die etwa durch amtliche Berichte aus Rom sanctionierte Form war, in gr. *Γόϑοι* umzuschreiben, widersprach der bei den Griechen üblichen Aussprache des bekannten Volksnamens, da ihr *ϑ* Spirans war: daher entstand *Γότϑοι* als graphische Compromissform. Oder aber *Γότϑοι* erklärt sich, ähnlich wie der Name der *Schweden* aus *Svi-þjóþ*, aus *Gut-þiuda*, also mit Hereinziehung des Anlauts vom zweiten Compositionsglied in den vermeintlichen Stamm, d. h. grade umgekehrt wie

Was die Flexion des Gotennamens anlangt, so weisen die ältesten Quellen übereinstimmend auf einen *n*-Stamm: *Gutones* Plin. u. s. w.[1], d. i. got. **Gutans*[2], entsprechend dem an. *Gotar Gotna* (dazu das Appellativum *gotnar*, das Adjectivum *gotneskr*) und dem ags. *Gotan Gotena*. Alle späteren Quellen hingegen zeigen nur *Gothi*, *Γότϑοι*, d. i. got. **Gutôs*[3]; hierauf führt auch das Compositum *Gutþiuda*, für welches bei erhaltener *n*-Flexion seines ersten Gliedes **Gutaþiuda* zu erwarten wäre[4]; und das an. *Gotar* zeigt neben dem schw. Gen. *Gotna* auch den jüngeren st. *Gota*. Nun aber hat Jord. (und mit ihm Paul. Diac.) neben gleichmässigem *Gothi* ebenso gleichmässiges *Ostrogothae*, das nur auf dem Sing. *-gotha*, d. h. auf schwacher Declination beruhen kann. Es läge nahe, den Grund hierfür speciell bei Jord. in der Anlehnung an den Namen des ostgotischen Ahnherrn zu suchen, welcher in der Urgeschichte des Jord. (77, 1. 78, 6) eben *Ostrogotha* (und ebenso bei Cass. Var. XI, 1) genannt wird, zumal alle früheren Quellen, die den zusammengesetzten Volksnamen geben, diesen stark flectieren: *Austrogoti* Treb. Pollio, *Ostrogot(h)i* Claud., Apoll. Sid., Avit., später noch Isid. Aber Jord. schreibt auch *Vesegothae!* Vielmehr hat man aus dem Namen des Ostrogota „mit Recht schon auf das Alter des Volksnamens geschlossen"[5], und wenn auch „der epischen Sage so viel Glauben zu schenken ist, dass Ostrogota eine historische Person", so bedarf es doch keines Wortes mehr, dass der Name des Heroen nichts weiter als der ältere Volksname ist und nicht etwa erst

---

Kremer (s. o.) will; jedoch bleibt dann die Beschränkung dieser Form auf die gr. Quellen rätselhaft, man müsste denn alle lat. *Gothi* zu *Gotthi* bessern wollen. Jedenfalls vergleiche man nicht *Chatthi* (ahd. *Hessi*) aus ursprünglichem *Cat-ti* o. ä.

[1] Vgl. oben S. 19, 2.

[2] Hennings Deutung des oben citierten runischen *gutanio* als got. **gutanjô*, schw. Neutr. des Adj. **gutaneis*, (Runendenkmäler 40 f.) knüpft ebenfalls an den älteren *n*-Stamm an.

[3] J. Grimm, Kleinere Schriften III, 413.

[4] Kremer, Beitr. VIII, 394 ff.

[5] Müllenhoff, Zs. IX, 136.

dem Stamme seinen Namen gegeben hat[1]. *Ostrogota* ist „der Ostgote“; einen Beweis hierfür von andrer Seite erbrachte ich im Neuen Archiv XV, 583 f., wo ich zeigte, dass *Ostrogoto*, wie eine Tochter des Theoderic genannt wird, nichts ist als diacritischer Zuname, als das movierte Fem. unseres Volksnamens, „die Ostgotin“. Damit ist erwiesen, dass der Gotenname im Simplex stark (**Gutôs*), in der Composition schwach flectiert wird (*-guta -gutô*). Wenn bei den übrigen genannten Historikern die starke Flexion frühzeitig in das Compositum gedrungen ist, so hat das seinen Grund darin, dass in den geschichtlichen Quellen, zumal den östlicheren (gewöhnlich bei den Griechen, immer bei Proc.), unter Goten schlechthin die Ostgoten verstanden werden[2]; man beachte z. B. beim Anon. Vales. und Cass. Var. die *Gothi* neben den *Wisigothae*, bei Proc. (d. bell. Vand. I, 2) die ausdrückliche Unterscheidung *Γότθοι* und *Οὐισιγότθοι*[3]; waren somit Goten und Ostgoten dem Sinne nach identisch, so konnte die Gleichheit der Function um so leichter Gleichheit der Flexion nach sich ziehen, wenigstens bei den lateinischen und griechischen Geschichtschreibern. Die Goten selbst hielten an dem alten Flexionsunterschied fest, wie eben *Ostrogota*, *Ostrogoto* beweisen, und es ist das ein weiterer Beleg für den im Germanischen zu beobachtenden Trieb, eine Composition durch schwache Flexion gegenüber dem starken Simplex zu kennzeichnen: got. *leik* und *manleika*, *daúr* und *augadaúrô*, an. *stafr* und *ráþstafe*, ags. *trum* und *wyrttruma*, ahd. *tac* und *suontago* u. a.[4] Aus gleichem Unterscheidungstrieb hat hier das Compositum die ursprüngliche *n*-Flexion des Gotennamens zäher bewahrt (vgl. oben *Gutones* u. s. w.) als das frühzeitig zur starken Bildung übergehende Simplex.

---

[1] Dahn, Könige II, 84; Müllenhoff a. a. O. und im Index zu Mommsens Jord.

[2] Über deren ältestes Vorkommen Müllenhoff Zs. IX, 134 ff.

[3] Das Umgekehrte, dass der Gesamtname *Goti* die Westgoten bezeichnet und die Ostgoten specialisiert werden, kenne ich aus der oben S. 22 erwähnten Generatio regum et gentium (Müllenhoff, Abh. d. Berl. Akad. 1862, S. 536), wo die Westgoten *Goti*, die Ostgoten aber *Walagoti* heissen; über letztere vgl. unten unter „Walamer“.

[4] Kluge in Pauls Grundriss I, 396.

Treb. Pollio schreibt im Anfang des 4. Jahrhs. noch diphthongisches *Austro-*, alle späteren Historiker monophthongisches *Ostrogothi(-ae)*. Dieselbe Monophthongierung von germ. (und wulf.) *au* zu *o* wird als ostgotisches Criterium noch weiter zu belegen sein.

Der Compositionsvocal *o* [1], der durchgängig in allen Quellen von Treb. Pollio bis Isid. und Paul. erhalten ist, muss in so später Zeit auffällig erscheinen, wenn man in ihm mit Kluge [2] altes idg. *o* sehen will, das in tonloser Silbe die Tonerhöhung zum germ. *a* noch nicht mitgemacht hat, um so auffälliger, als das Ostgotische dieses germ. *a* in der Compositionsfuge vielfach schon zu *e* geschwächt oder gar zu *i* palatalisiert hat [3]. Wahrscheinlicher liegt uns eine Form des internationalen Verkehrs, eine nostrificierte Römerbildung vor (wie oben *Gothi*). Grade *o* hatte in den idg. Einzelentwicklungen als Compositionsvocal weite Ausdehnung gewonnen [4], ganz besonders sich im Griechischen verallgemeinert [5], und wenn es in lateinischen Bildungen wie *albo-galerus* u. a. [6] mit griechischer oder gallischer Beeinflussung erklärt wird, so mag in unserm *Ostro-* gegenüber sonstigem ostgot. *-a- -e- -i-* eine ähnliche ungermanische Anlehnung zu Grunde liegen. Dass dieses *Ostro-* mit gelegentlichem *Theodo-ricus* nicht auf eine Stufe zu stellen, darüber unter diesem.

Ostgot. *ostro-*, wulf. **austra-* (an. *austr* ags. *eáster* as. ahd. *ôstar*) ist eine suffixale Weiterbildung des Stammes **ausa-*, der unten noch im Namen *Oswin* begegnen wird und dort zu vergleichen ist, eine Weiterbildung, wie sie z. B. aus got. *gis-tra-* ahd. *ges-taron* ags. *geos-tra* bekannt ist gegenüber ai. *hyás* gr. *χθές* lat. *heri*. [7]

---

[1] Grimm, Gramm. II (1878), 390. 391.

[2] Pauls Grundriss I, 316. 317.

[3] Vgl. unten unter „Wortbildung".

[4] Brugmann, Grundriss der vergleichenden Grammatik der idg. Sprachen II, I, 27.

[5] Ib. 45.

[6] Ib. 55.

[7] Wie *Os-win* zu *Ostro-gotha* wird sich auch das auffällige *Wisigothae* zu *Vestr-alpus* u. ä. verhalten, sodass man Sievers' Bedenken

GREOTINGE.

Neben der politisch-geographischen Unterscheidung in Ostgoten und Westgoten steht in älterer Zeit die ursprünglichere und nationale in Greotinge und Terwinge. Man vgl. über beide, speciell auch über die Identität der Greotinge und Ostgoten, besonders Müllenhoff, Zs. IX, 134 ff., vorher schon Manso 308, Zeuss 407 ff. Dieser alte ostgotische Stammname trat uns in folgenden Quellen und Formen entgegen: *Grutungi* Treb. Poll., *Grauthungi* Flav. Vopisc., *Greuthungi* Amm. Marc., *Gruthungi* Claud., *Γροϑιγγοι* Zos., *Greothingi* Idat., *Γρουϑιγγοι* Suid. Die richtige Etymologie des Namens steht schon bei Zeuss 407, dann bei Grimm in der Gesch. d. dtsch. Spr. 448 u. s. f.: an. *grjót* ags. *greót* as. *griot* ahd. *grioz* „Gestein; Sand". Dazu darf die bei Jord. 59, 11 corrupte Stelle aus König Rodwulfs Diathese von Scadinavien gestellt werden: *dehinc Mixi*, *Evagre*, *Otingis* (so bei Mommsen), welche Müllenhoff scharfsinnig und zweifellos richtig emendiert in *dehinc mixti Evagreotingis*, wenn dabei das *eva-* auch noch dunkel bleibt [1]. Derselben Stelle folgt bei Jord. die Bestätigung der obigen Etymologie: hi omnes excisis rupibus quasi castellis inhabitant. Auch für die gesamte Textkritik der andern Quellenstellen ist nur auf Müllenhoff, Zs. IX, zu verweisen. Fraglich ist allein, ob er berechtigt war überall den Diphthong *eu* herzustellen. Locale und temporale Herkunft der einzelnen Überlieferungen ist so verschieden, dass der auf dialectische Verschiedenheit zurückgehende Ablaut *au* (Vopisc.) *u* (Poll., Zos., Claud., Suid.) *eu* (Amm., Idat., Jord.) nicht beseitigt zu werden braucht; man vgl. vielmehr an. *grjót* und *grautr*, ahd. *grioz* und *gruzzi*, auch die ahd. Mannsnamen *Gruzing* und *Griuzing* (Schannat 120). Dass für unsere Zeit der Diphthong *eu* anzusetzen, beweist Jord.; über die Schreibung *eo* bei ihm

---

in Pauls Grundr. I, 408, Anm. nicht zu teilen braucht; vgl. auch unter „Oswin" und Brugmann, Vgl. Gramm. II, I, 185 Anm.

[1] Deutsche Altertumskunde II, 63 f. Vgl. westgot. *Euva* = *Eoricus*, *Evarix*; Stark, Die Kosenamen der Germanen (Wien 1868), S. 15.

und Idat. vgl. unter „Theoderic". Das häufige unorganische *th* bedarf keiner Erklärung mehr.[1]

Das ableitende Suffix zeigt Ablaut in dem *ung* der vier älteren Quellen gegenüber dem *ing* der vier jüngeren; vgl. got. *gadiliggs*, *skilliggs*, wand. *Hasding-*, *Siling-*, *garding-*.[2] Mit der in der Regel starken Flexion des Suffixes im Germanischen stimmt die Flexio romana et graeca des Greotingnamens überein.

AMALEN.

Das ostgotische Königshaus benannte sich nach dem vierten Helden der jordanischen Stammtafel: lat. *Amali*. Es sind die aus den deutschen und angelsächsischen Heldengedichten bekannten Amalunge oder Amulinge: der Name des ostgotischen Königsgeschlechts ist in der Sage für den Gotennamen überhaupt eingetreten, wie der Name der Hasdinge (Hartunge) für den Wandalennamen u. ä.[3] Die gotischen **Amalôs*[4] — die starke Flexion wird durch das gleichmässige lat. *Amali* bewiesen — sind die strenui, industrii, infatigabiles (vgl. ahd. *em-azzig;* auch ahd. *am-eizza* ags. *æm-ette?*[5] an. *ami* „labor, molestia")[6] und mit den westgotischen Balthen zu vergleichen. Vgl. über das Suffix in *Am-al-* Wand. 39. In den *Hamali* des Cass. unorganische Aspiration, ohne dass deshalb an den eddischen *Hamall*[7] gedacht zu werden brauchte. Der Urenkel des Gapt, welcher dem Hause den Namen gab, ist *Amal;* während die Genea-

[1] Vgl. oben S. 45.

[2] Wand. 42. Über das Suffix vgl. Sütterlin, Gesch. d. Nomina agentis im Germ. (Strassb. 1887), S. 18 ff.; Brugmann, Vgl. Gramm. II, I, 252; Streitberg, Beitr. XIV, 224; Henning, Runendenkmäler 145.

[3] Weitere Beispiele bei Heinzel, Üb. d. ostgot. Heldensage, Wien. Sitz.-Ber. CXIX (1889), S. 18 des SA.

[4] So nach den ältesten Quellen; patronymische Ableitung mit *-ung -ing* erst seit dem 7. Jahrh., vergl. Müllenhoff, Zs. XII, 262; ib. 415 das älteste deutsche Zeugnis für Amelunge als Volksnamen.

[5] Kluge, Etymol. Wörterbuch,[4] „Ameise".

[6] Eine mythologische Deutung des Namens unter Anknüpfung an gr. ἄμαλα versuchte J. Grimm, Zs. VII, 394.

[7] Henning, Runendenkmäler 12.

logie bei Cass.-Jord. jedoch sonst die Namen von Vater und Sohn kurz, nur durch „genuit“ verbunden, aufzählt, heisst es hier: eum, qui dictus est Amal; es ist hier also nicht sein eigentlicher Name, sondern ein characteristischer Beiname überliefert [1] in der Form eines st. Adj., ohne dass der ursprüngliche Personenname des Heroen neben jenem erhalten wäre: Jord. *Amal* für wulf. **Amals* mit ostgotischem Schwund des Nominativ-*s* (vgl. *Fridamal* Wand. 75), Cass. mit entsprechender Latinisierung *Amalus* [2].

THEODERIC.

Der grosse Ostgotenkönig heisst (mit lateinischer Endung) *Theodericus*. Diese Namensform wird aus sämtlichen erhaltenen Inschriften erwiesen [3], auch aus der auf einem Gewichte [4], während die Münzen neben dem Namen des Kaisers nur das Monogramm des Königs tragen [5]. *Theodericus* heisst der König auch bei den meisten lat. Historikern (vgl. im vorigen Capitel unter Ennod., Eugipp., Avit., Cass., Vita Fulg., Anon. Val. u. s. w.). Die griechische Form lautet in der Regel *Θευδέριχος* (Malch., Proc., Agath., Euagr. u. s. w.). Sonst erscheint häufiger nur *Theodoricus* (Marcell., Lib. pontif., Ep. pontif., Jord. u. s. w.), entsprechend, jedoch weit seltener, *Θεοδώριχος*. Dieses *Theodoricus* mit seinem zweiten *o* als Fugenvocal hat mitgewirkt, dass das regelmässige *Theo-* der Überlieferung bisher erklärt wurde als gelehrte Anähnlichung des got. *þiuda* an gr. *θεο-* (vgl. *Θεοδότης*, *Θεόδωρος* u. s. w.).[6] Diese Erklärung ist überflüssig. Grade

[1] Dahn, Könige II, 119.

[2] Die Varianten *Amala* bei Jord. zeigen nicht die schwache Form desselben Adj., sondern eine primäre Kosebildung aus älterem Vollnamen, etwa *Amalaric* o. ä.; so z. B. ein Franke *Amalo* bei Greg. Tur. u. ö.

[3] CIL VI, 1665. 1794. IX, 6078, 7. X, 6850. 6851. 8041, 2. XI, 10. 280. 310. 317. XIV, 4092, 18.

[4] Friedländer, Münzen der Ostgoten, S. 29.

[5] Friedländer 24 ff. Zwei Kupfermünzen mit *Theodoricus* sind unecht, ib. 28.

[6] Beispielshalber von Schuchardt, Vocalismus des Vulgärlateins II, 149. III, 213; auch von mir noch Wand. 66.

in derartiger Wiedergabe des germ. Diphthongs *eu* bei den lateinischen Historikern liegt vielmehr ein vortrefflicher Beleg für die Genauigkeit, mit der sie germanische Namen aufzufassen und niederzuschreiben suchten. Dass eine Angleichung an gr. *ϑεο-* vorliegt, wird einmal durch das regelmässige *Θευ-* der Griechen unwahrscheinlich und dann durch das Erscheinen desselben *eo* in Schreibungen wie *Greothingi, Leodefridus* widerlegt. Aber auch an Wirkung des *a*-Umlauts darf man nicht denken, wie Jacobi wollte [1], weil das *ευ* der Griechen dagegen spricht und weil diese Wirkung bei der einfachen Kürze *u* des Ostgotischen fehlt. Der Grund liegt vielmehr in dem verschiedenen Character von got. und lat. *eu*. Der eigentliche idg. Diphthong, der dem wulf. *iu*, ostgot. *eu*, gr. *ευ* entspricht, ist dem Italischen überhaupt fremd [2]: lat. *neuter* ist dreisilbig [3] = *ne + uter; seu, neu, ceu* = *sê, nê, cê + ve* (vgl. *neve*) [4]; *heu, heus* sind irreguläre Interjectionen, nach gr. *φεῦ* gelehrt so geschrieben [5]; und was ursprünglich griechische Namen betrifft wie *Theseus, Nereus* u. a., so nimmt das volkstümliche Latein Dihärese jedes gr. *ευ* vor (vgl. die Schreibung *Orphaeus*) [6]. Der got. Diphthong durfte also durch *eu* nicht wiedergegeben werden, damit man auf ihn nicht die zweisilbige Aussprache des lat. *êu* oder die spirantische des *ev* anwandte, sondern das im übrigen phonetisch correcte *eu* bedurfte einer graphischen Modificierung. Zu einer solchen benutzte man hier einmal bewusst den aus der lat. Schrift sonst geläufigen Wechsel von *e* und *i, o* und *u* und schrieb daher entweder *iu* [7] oder

[1] Beiträge zur deutschen Grammatik (Berlin 1843), S. 117. Er muss aber ib. selbst zugestehen, dass „in Urkunden bei Unterschriften von Franken wie von Goten, soweit uns dergleichen erhalten sind, d. i. seit 500 n. Chr., gleichmässig bald *eu* bald *eo* erscheint, ohne dass dabei consequent dem *eu* ein *i* oder *u* nachfolgt."

[2] Birt, Rheinisches Museum XXXIV, 1 ff.

[3] Ib. 2 ff.

[4] Ib. 10 ff.

[5] Ib. 33.

[6] Ib. 33.

[7] So entstandene *iu* in got. Eigennamen darf man also nicht ohne weiteres mit wulf. *iu* identificieren; vgl. auch lat. Schreibungen wie *Iugeniae, iunuchus,* Birt 34.

häufiger *eo*,[1] graphische Verbindungen, die um so überlegter erscheinen müssen, als sie sonst dem Lat. fremd sind. Hingegen stand der griechischen Transscription *ευ* nichts im Wege, da gr. *ευ* und germ. *eu* demselben idg. Diphthong entsprechen. Bei den Lateinern wird dann volks- oder gelehrten-etymologische Angleichung an gr. *θεο-* allerdings später hinzugekommen sein und die Schreibung befestigt haben. Dass sie für diese aber nicht die Veranlassung gewesen, ergiebt sich auch aus der Chronologie der Quellenbelege. Die Form *Theodoricus*, deren zweites *o* in Erinnerung an gr. *Θεοδότης*, *Θεόδωρος*, *Θεοδώριχος*[2] geschrieben, ist jünger als *Theodericus:* die ältesten Lateiner, welche den König nennen, schreiben nur letztere Form (Ennod., Eugipp. u. s. w., vgl. oben S. 51), wie andrerseits *Θευδέριχος* die griechischen Quellen beherrscht. Das graecisierende *Theodoricus* hingegen findet sich zwar schon vereinzelt bei Marcell. und im Anecd. Hold. (doch bei Cass. im Chron. und in den Var. *Theodericus*), kommt aber erst zur vollen Geltung in den kirchlichen Quellen (Lib. et epist. pontif.) und findet hier in der gelehrten Bildung geistlicher Autoren seine genügende Erklärung. Auch Jord. schreibt *Theodoricus*, seiner Tendenz gemäss gewiss mit Befriedigung darüber, den Namen des Germanenfürsten damit aus einer classischen Sprache zu deuten; *Theodericus* steht bei ihm nur 77,5 in der amalischen Stammtafel, welche ganz aus Cassiodors Gotengeschichte stammt. Und erst jetzt herrscht *Theodoricus* (Jul. epit., Prosp. auct., Mar. Avent., Isid. u. s. w.). Das entsprechende *Θεοδώριχος*[3] fand ich erst im späten Chron. pasch. neben *Θεοδερίχ*, vorher bei Joann. Antioch. neben *Θευδέριχος*.

Dass der Königsname in den meisten, namentlich den gleichzeitigen Quellen als *Theodericus* so constant ist, wird seinen Grund in amtlicher Tradition haben, wie sie durch die Inschriften und Cassiodors amtliche Erlasse repräsentiert

---

[1] In den zahlreichen lat. Quellen für *Theodahath* z. B. kein einziges *eu*.

[2] Fick, Personennamen 35 f. 176.

[3] *Θεο-δωρ-ιχος* ein bekannter griech. Kosename, zu dessen Suffixbildung Fick XLII.

wird. Daher auch das feste *th*, *ϑ*, nur selten sonst üblicher Wechsel mit *t*, *τ*.

Der Name gewährt sodann ostgot. *eu* für wulf. *iu*: *Thiud*- findet sich für den ersten Gotenkönig auf italischem Boden in keiner Quelle; reines *eu* hingegen, welches die oben gedeutete graphische Änderung in *eo* nicht erfahren, findet sich, abgesehen von gelegentlichen Varianten, in einem Papstbriefe von 501, ferner bei Greg. Tur., Mar. Avent., Greg. Magn., Fredeg., Paul. und wird als ostgotische Form des Diphthongs noch wiederholt zu belegen sein. Der Name zeigt ferner Abschwächung des ursprünglichen Fugenvocals *a* (wulf. **þiuda-reiks*) zu irrationalem *e*.

Das zweite Glied des Namens, got. *reiks*[1], steht in lat. Form als *-ricus*, in gr. als *-ριχος* fest. Neben ersterem wird gelegentlich *-richus* geschrieben, ohne dass dasselbe auf eine gr. Vorlage zurückzugehen braucht, so schon bei Cass. im Chron. und Anecd. Hold. Diese Schreibungen lat. *ch* und gr. *χ* können die aspirierte Natur des germ. *c* (*k*) bezeugen, mit welcher der reine hauchlose Explosivlaut des lat. und gr. Alphabets nicht übereinstimmte. Es bedarf keines Hinweises, wie die aspirierende Tenuisarticulation einen wesentlichen Unterschied zwischen germ. und idg. Consonantismus bildet und sich in der Tenuisverschiebung geltend gemacht hat. Der Grieche aber kannte bei seiner Tenuis ebenso wenig eine Aspiration wie der Romane.[2] Germ. *k* war also im Ohr des Griechen von seinem *κ* verschieden; er hatte jedoch zur Bezeichnung der germ. Aspiration ein Mittel in seiner „Aspirata" *χ*, die tatsächlich nichts als *p*+*h* war[3]; vgl. hierzu schon bei Wulf. *Malkus* Joh. 18, 10 für gr. *Μάλχος*, *Antiôkja* Gal. 2, 11 *Antiaúkia* 2. Tim. 3, 11 für gr. *Ἀντιόχεια*, *drakma* für gr. *δραχμή* u. ä. Der Lateiner hatte eine ähnliche Bezeichnung nicht so geläufig bei der Hand; das exactere *ch*, wie es gelegentliches *-richus* zeigt,

---

[1] Grimm, Gramm. II (1878), 500.

[2] Blass, Über die Aussprache des Griechischen[2] (Berlin 1882), S. 79. Seelmann 252. 261.

[3] Vgl. besonders Blass 84 ff. 87.

(531—548) *Thiudis* Jord., *Θεῦδις Θεύδης* Proc.; und wenn zahlreiche ostgotische Beispiele secundäre Weiterbildung solcher Koseformen auf *-ila* noch belegen werden, so ist unter ihnen auch *Theudila: Theuderic — Theuda Theudi*[1] — *Theudila* giebt eine normale onomatologische Reihe.

WALAMER.

Die germanische und ostgotische Sitte der Doppelnamen ist auch für Theoderic nachweisbar. Wenigstens heisst er bei Marcell. *Theodoricus cognomento Valamer* und ebenso im Chron. breve. Zwar kann hier ein historischer Irrtum vorliegen: Walamer hiess Theoderics Oheim, der Bruder seines Vaters.[2] Jedoch ist für Theoderic ein solcher Zuname leicht verständlich als Unterscheidung von dem gleichnamigen Sohne des Triarius.[3]

Jener Bruder des Theodemer (Jord. 77, 4) erscheint sonst noch bei Apoll. Sidon. carm. II, 225 im Gen. als *Vălămēris*, bei Cass. Var. XI, 1 als *Walamer*, Anon. Val. § 42 *Walamer* § 58 *Walamir*, Jord. 42, 23 u. ö. *Valamir Valamer*, Prosp. Vatic. (Ronc. I) 719 *Valamer*, Paul. hist. rom. 201, 12 u. ö. *Walamir*. Über die Schreibung des halbvocalischen Anlauts vgl. unten u. „Halbvocale". Die erste Hälfte des Namens ist entweder als wulf. **wala-* = an. *valr* ags. *wæl* „Haufe der Erschlagenen" ahd. *wal* „clades, strages"[4] oder als wulf. **walha-* — zum Ausfall des *h* vgl. letztes Capitel — = ags. *Wealh* ahd. *Walh* mhd. *Walch* (dazu an. *valskr* ahd. *walhisc;* vgl. kelt. *volc* ir. *folg* „celer, velox, alacer"). Beide Etyma finden sich zur Genüge in germ. Eigennamen.[5] Für das letztere sei citiert Müllenhoff,

[1] Über diese Nominativform unten u. „Declination".

[2] Heinzel, Ostgotische Heldensage, S. 17 des SA.

[3] Vgl. bei v. Glöden 19b den Nachweis von acht historischen Trägern des Namens Theoderic.

[4] Henning, DLZ 1890, Sp. 228.

[5] Müllenhoff, Nordalbingische Studien I, 210; Förstemann, Altdeutsches Namenbuch I, 1229 ff.

DA II, 279: „Der Germane begriff unter *Walh,* plur. *Walhâs* oder *Walhôs*, ehedem alle seine lateinisch oder romanisch oder keltisch redenden Süd- und Westnachbarn. Dass die Goten und Ostgermanen den Namen gebraucht, kann man zwar nicht belegen,[1] muss man aber unbedingt schliessen, weil er nur durch sie so früh, zunächst in der Anwendung auf die Romanen der griechischen Halbinsel, dann auch wohl schon in der weiteren Bedeutung an die Slawen vererbt sein kann".[2] — Die Form *Wala-* ohne Abschwächung des Stammesauslauts in der Composition steht quellengemäss fest.

Für den zweiten Teil des Namens, got. *mêrs* (in *waila-mêrs*) an. *mǽrr* ags. *mǽre* as. ahd. *mâri*, beweist der *Mirica* im ersten allgemeinen lateinischen Passus der Urkunde von Neapel gegenüber dem *Mêrila* der gotischen Unterschrift die extreme ostgot. Färbung des wulf. *ê*. Bei sonstigem Vorkommen desselben Wortes in den ostgot. Namen zeigt die lat. Überlieferung beständigen Wechsel zwischen *-mer* und *-mir*, doch so, dass die *-mer* zu den *-mir* sich verhalten ungefähr wie 2 : 1; und wenn nun andrerseits germ. *î* bei den Lateinern constant als *i*, ohne solches Schwanken in *e* geschrieben wird, so folgt daraus, dass dieses jüngere ostgot. *i* < wulf. *ê* doch nicht völlig mit dem alten *î*, wulf. *ei* zusammengefallen war; weiteres unter „Vocalismus". Die Griechen schreiben fast ausnahmslos -μερ; dass sie mit dem ε aber einen germ. *i*-Laut wiedergeben wollen, zeigt z. B. Procops Ῥεκιμουνδος für *Rîci-;* und wenn Wulfila dem griech. seiner Natur nach offenen η[3] auch noch sein *ê* entsprechen

---

[1] Vielleicht eben doch mit obigem *Walamer* und dem *Valaravans* (Jord. 77, 3, Neffe des Ermanaric) = wulf. **Wal(h)a-hrabns.* Die *Walagothi* der Generatio regum (oben S. 22. 47, 3), eine Bezeichnung, welche sich nur hier und sonst nirgends findet und die Ostgoten in Italien von den Westgoten in Südfrankreich und Spanien unterscheidet (Müllenhoff, DA II, 280; Heinzel, Ostgotische Heldensage, S. 18 f. des SA), werden schwerlich gotischer Zunge entstammen.

[2] Ist danach auch das Pferd, welches Belisar reitet (Proc. II, 87, 21), welches ganz grau, nur von der Stirn bis zu den Nüstern schneeweiss ist, und welches die Barbaren βάλαν nennen, ein „welsches" Ross?

[3] Blass 24.

lassen durfte, konnte ein Grieche das ostgot. ę̂ des 6. Jahrhs. nicht mehr durch sein η wiedergeben, sondern schrieb statt dessen ι oder wie hier ε, dessen Wert ein geschlossener, dem ι genäherter war.[1]

Fehlen des Nomin.-*s* (ostgot. *mệr* < wulf. *mêrs*) ist wie im Wandalischen auch im Ostgotischen für alle hierher gehörigen Eigennamen zu belegen; man vgl. mit obigen Citaten für Walamer den *Theodemir Thiudimer* bei Jord., *Theudimer* bei Cass., sonstige Namen auf *-mer -mir* namentlich bei Jord. u. a. und beachte hier den häufigen endungslosen Gebrauch der Namen auch für die Casus obliqui. Was sonst gelegentliche lat. oder gr. Flexion betrifft, so verwendet für die obliquen Casus des obigen Walamer Apoll. Sidon. die *i*-Declination, Jord. zweimal die *o*-, viermal die *i*-Decl., Anon. Val. wie Paul. die *i*-Decl., ebenso die Griechen Prisc. und Theoph. die *i*-, nur Malch. die *o*-Decl., für Theodẹmer Jord. einmal die *o*-, zweimal die *i*-, Paul. die *i*-Decl., für Sigismer Cass. und für Gibimer Proc. die *i*-Decl., ebenso der Dativ *Gurdimeri* oben S. 28; und auch in der Behandlung der nicht in unsern ostgotisch-italischen Rahmen gehörenden Namen auf *-mer* überwiegt die *i*-Decl. Diese Flexionsweise kann zur Geschichte des germ. Adjectivums, got. *mêrs* u. s. w., einen Beitrag liefern. Sie ist letzthin wiederholt behandelt worden, am ausführlichsten von Osthoff, Beitr. XIII, 431 ff., womit noch Streitberg, Beitr. XIV, 170 zu vgl. Danach ist der ursprüngliche *u*-Stamm im Germ. geschwunden und durch *ja*- oder *i*-Bildung ersetzt. Das Ostgermanische bevorzugte die letztere, wie got. *mêrs* urn. *mariR* finn. *maris* zeigen, und zu ihr stimmt das obige Überwiegen der *i*-Decl. in der Flexio rom. et gr.[2] Die lat. *-merus*, welche sich bis zum *Segimerus* bei Tac. zurückverfolgen lassen, könnten zwar noch den alten *u*-Stamm reflectieren, zeigen aber wohl eher, dass neben dem secundären

---

[1] Blass 24. 31.

[2] Man beachte noch den Gotenkönig *Vithimiris* (so der Nomin.!) bei Ammian. 31, 3, 3 und vgl. Burg, Die älteren nord. Runeninschr. (Berlin 1885), S. 25.

i-Stamm ein secundärer *a*-Stamm hergegangen ist.[1] Ein secundärer *ja*-Stamm fehlt im Got.; für das Alem. beweisen ihn die *Vadomarius Chnodomarius Suomarius Fraomarius* des 4. Jahrhs. bei Ammian., die genaue Latinisierungen der auf germ. **mêrjaz*[2] beruhenden al. Formen zu sein scheinen. Die in Wurzelvocal und Flexion zusammengehende Abweichung dieser al. und unserer got. Beispiele weist von neuem darauf hin, wie weit selbst in diesen alten Epochen germanischer Sprachgeschichte mit dialectischen Scheidungen gerechnet werden muss.

THEODEMER.

Es folgen auf Theoderic die Namen seiner Verwandten, auch die seiner Eltern, obwohl dieselben noch in die voritalienische Zeit zurückreichen. Sein Vater, welcher sich der hunnischen Oberhoheit Attilas beugen musste und damit den historischen Irrtum der späteren Heldensage veranlasste, wonach sein Sohn Theoderic sich bei Attila im Exil befunden habe, heisst bei Cass. *Theudimer* in correcter ostgot. Form: mit dem ostgot. Diphthong *eu*,[3] dem abgeschwächten und zu *i* getriebenen Compositionsvocal und der Aufgabe des Nomin.-*s*. Dazu stimmen seine übrigen Quellen. Jord. giebt nach Mommsens Schreibungen 4 *Theode-*, 2 *Thiude-*, 1 *Thiodi-*, 17 *Thiudi-*, die aber in den verschiedenen Hss. wieder bunt mit einander wechseln und sich im übrigen aus dem oben unter „Theoderic“ Ausgeführten erklären; für den zweiten Teil setzt Mommsen 7 *-mir* und 17 *-mer* ein, und *-mer* schreiben auch Cass., Paul. u. s. w., vgl. oben unter „Walamer“.

HERELEUVA.[4]

Die Mutter des grössten Ostgoten war ebenso aus unebenbürtigem Stande wie die Mutter des grössten Wan-

---

[1] Zimmer, Anz. I, 245.

[2] Streitberg, Beitr. XIV, 182.

[3] Vgl. oben S. 54.

[4] Ich behalte das *v* für spirantisches got. *b* bei; germ. *w* transscribiere ich immer mit *w*, auch im Inlaut.

dalen, wie Geiserix war auch Theoderic Sohn einer Concubina (Jord. 128, 2); sie war, obwohl Gotin, nach Anon. Val. § 58 zur römisch-katholischen Confession übergetreten und in der orthodoxen Taufe Eusebia genannt worden. Darauf deuten die beiden päpstlichen Briefe, in welchen ihr ursprünglicher Name als *Hereleuva* und als *Ereleuua* erscheint. Beim Anon. Val. heisst sie *Ereriliua* (al. *Erere-*), bei Jord. *Erelieva*, bei Paul. *Arileuva*. Weshalb Müllenhoff (Jord. 144) den Namen nicht als germ. gelten lassen will, ist nicht einzusehen; weist doch der zweite Teil sofort auf got. *liubs*, und erinnert der erste z. B. an jenen Rugenfürsten, der 541 vor Totila die gotische Krone trug[1]: *Erarius* Marcell. Jord. Ἐράριχος Proc.

Freilich die Etymologie dieses Namengliedes bleibt fraglich. Weder an an. *eir* ags. *âr* as. ahd. *êra* noch an an. *herr* ags. *here* as. ahd. *heri* zu denken geht an, da got. **aiza-* ostgot. **esa-* lauten würde und got. *harjis* ostgot. *hari* lautet. Dagegen hindert nichts eine Zusammenstellung entweder mit got. *hairus* an. *hjǫrr* ags. *heoru* as. *heru* „Schwert“, dessen Vorkommen in Eigennamen Müllenhoff, Zs. XII, 311, mit an. und ags. Belegen sichert, oder mit an. *hárr* ags. *hâr* „grau, ehrwürdig“ as. ahd. mhd. *hêr* „erhaben“ = got. **hairs*, dessen Wurzel im Dat. pl. *hai-zam* „Fackeln“ vorliegt (Joh. 18, 3)[2], ostgot. **hêr* mit Monophthongierung. Das anlautende *h* richtig erhalten im ersten päpstlichen Briefe und bei Jord. in Varianten. Paul. *Ari-* fehlerhaft wie sein *Autharicus* in Varianten für *Eutharicus* (oben S. 39).[3]

Der zweite Teil des Namens (got. *liubs* an. *ljúfr* ags. *leóf* as. *liof* ahd. *liob*) ist in Jord. *Erelieva* verderbt[4], sonst aber als *-leuva* sicher überliefert in den Papstbriefen und bei Paul., mit ostgot. *eu*, mit *v* als correcter Bezeich-

---

[1] Vgl. oben S. 12, 2.

[2] Kluge, EW[4] unter „hehr“.

[3] Einen hierher gehörigen secundären Hypocorismus *Herila* belegt Dahn, Könige III, 199, 4.

[4] Ein Erklärungsversuch bei v. Grienberger, s. u.

nung des spirantischen intervocalischen got. *b* und mit starker Flexion. *-liua* im Anon. für *-liuua*.[1]

THEODEMUND.

Ein Bruder des Theoderic, der 479 die gotische Nachhut commandierte und dabei von Zenos Feldherrn Sabinianus verräterisch überfallen wurde, heisst bei Malch. *Θευδιμουνδος*.

Erster Teil normal ostgot. *Theudi-*, vgl. oben S. 60.

Zweiter Teil zu an. ags. as. langob. *mund* ahd. mhd. *munt* „Schutz, Hand". Die constante gr. lat. Endung *-ος* *-us* in den hierher gehörigen Namen (*Trasemundus* Ennod., *Hunimundus* Jord. u. s. w.) gegenüber dem *i*-Stamm des germ. Appellativums führt auf ein unten u. „Suffixbildung" ausführlich behandeltes Princip onomatologischer Wortbildung: es liegt in diesen Zusammensetzungen nicht der alte *i*-Stamm, sondern ein secundärer adjectivischer *a*-Stamm vor.[2] Man vgl. an. *mund* neben *Sigmundr* u. ä. Während jedoch die an. Eigennamen auf *-mundr* vielfach in die Flexion des ursprünglichen Stammwortes zurückgefallen sind und statt *-munds* den Gen. *-mundar* bilden[3], scheint das regelmässige lat. *-mundus -mundi* anzuzeigen, dass das Ostgotische

---

[1] Der Name hat neuerdings durch v. Grienberger in der Germ. XXXIV, 410 f. in besonderem Artikelchen eine selbständige Behandlung erfahren. Dieselbe beruht von Anfang bis zu Ende auf Phantasie und liefert einen deutlichen Beweis dafür, welche gefährliche Bewandtnis es mit solchen onomatologischen Kunststücken hat, die einen Eigennamen aus seinem dialectischen Zusammenhange herausreissen. *Eri-* soll das hd. *Ehre* sein: „Das *r* wird wohl auch schon dem späteren Got. gemäss gewesen sein", — sonst aber keine Frage nach weiteren Belegen dieses *r* < *z*! Und dabei hat dieser selbständige Aufsatz für seine Titelheldin nicht einmal alle Belege bei einander: unsere obigen Stellen in den Epist. pontif. fehlen ihm!

[2] Zimmer, QF XIII, 19. 24.

[3] Noreen, An. Gramm. I § 269, 2. Eine gleiche secundäre *a*-Bildung in den Namen auf lat. *-fridus*: wulf. **-friþs* ostgot. *-frid* an. *-freþr*. Hier weisen an. Genetive *-freþar* natürlich auf Rückfall in die alte *u*-Declination des Stammwortes. Diese Bildungsweisen kommen dann in Verwirrung oder gegenseitigen Austausch, daher z. B. die *u*-Flexion von an. Namen auf *-mundr* (vgl. run. *Kunimu(n)diu* auf dem Bracteaten von Tjurkö und Burg S. 89).

einer solchen Analogiewirkung des *i*-Stammes **munds* noch nicht nachgegeben hat, sondern den secundären *a*-Stamm der Eigennamen auch als solchen decliniert. Der flexionslose *Ademunt* (mit incorrectem *t* für *d*) bei Marini belegt den ostgot. Schwund des Nomin.-*s* auch für dieses Paradigma.

Fredeg. 83, 27 findet sich ein Bruder des Theoderic mit Namen *Gaisiricus*, der jenen ermordet haben soll. Da die betreffende Stelle auf junger Erfindung oder historischem Irrtum beruht[1], dieser Bruder des Gotenkönigs sonst nicht bekannt ist, vielmehr eine Verwechslung mit dem Wandalen Geiserix vorliegt, so bedarf er hier keiner Behandlung.

AMALAFRIDA.

Mit dem mächtigen und geistreichen Wandalenkönig Thrasamund vermählte Theoderic seine Schwester *Amalafrida*. So heisst sie übereinstimmend bei Cass., Jord., Proc., Vict. Tunn., Theoph., wogegen des Anon. *Amalafrigda* und Pauli *Amalafreda* nicht in Betracht kommen.

Zum ersten Teil oben S. 50;[2] ohne Abschwächung des Fugenvocals.

Der zweite Teil ist das movierte Femin. zu dem S. 62, 3 erwähnten adjectivischen *frid.*[3] Ob dieses tatsächlich als got. Adj. bestanden hat (**friþs: friþus* = *dauþs*: *dauþus*; an. *friþr* „Friede“ und das Adj. *friþr* „friedlich“), oder ob die Secundärbildung nur in Eigennamen gebräuchlich war, kann dahingestellt bleiben.[4] Das Abstractum *friþus* an. *friþr* ags. *friþu* as. *frithu* ahd. *fridu* findet sich daneben als erstes Namenglied, wie die zahlreichen *Frithu-*, *Fridu-*

---

[1] S. die Note dazu in Kruschs Ausg.

[2] Ich erspare mir im weiteren solche Citate und verweise ein für alle Mal auf den ausführlichen Index.

[3] Vgl. die Lesart *Luitfrid* u. „Liuvirith“.

[4] Daraus würde sich auch für den *Friþa-reikeis* des got. Kalenders zwanglos der Auslaut des ersten Gliedes erklären, wenn hier das *a* aus *u* nicht nur verschrieben (Bernhardt, Wulfila LVI; Braune, Got. Grmm.[3] § 210, 1).

bei Förstemann zeigen, und wird auch in ostgot. *Fridibadu, Fridigern* vorliegen mit ostgot. Schwächung und Palatalisierung des Compositionsvocals. Das intervocalische *d* als tönende Spirans für tonloses wulf. *þ* wie im Wand. ist überall sicher bezeugt.[1]

AMALABERGA.[2]

Seine Nichte Amalaberga verheiratete Theoderic mit dem Thüringerkönig. Sie war die Tochter der Amalafrida, aber schwerlich aus deren Ehe mit dem Wandalen, sondern einer früheren.[3] Die Namensform steht als *Amalaberga* fest gemäss Jord., Greg. Tur., Paul. (*Amalabirga* Anon., *Ἀμελοβέργα* Proc.).

Der erste Teil wie in *Amala-frida,* w. s.

Der zweite Teil ist Nomen agentis vom Praesensstamm got. *bairgan* an. *bjarga* ags. *beorgan* as. ahd. *bergan*[4], fast nur in weiblichen Namen erscheinend[5]; vgl. an. *bjǫrg* ahd. *berga* mhd. *berge* „Schutz, Sicherheit, Hilfe".[6]

THEODEGOTO.

Des Westgoten Alaric II. (484—507) Gattin wurde eine Tochter Theoderics, welche Jord. *Thiudigoto* (dazu die

[1] Vgl. Wand. 104. Aber der alte *Fritigern* bei Jord. hat noch *t*, d. h. *th,* ebenso Theoph. 101, 11 *Φριτηγέρνης* zum Jahre 369, aber *Ἀμαλαφρίδα*.

[2] Jord. lässt Rom. 386 eine Tochter der Schwester Theodahaths einen Langobardenkönig heiraten. Martens in seiner Jordanesübersetzung (GSddV, 6. Jahrh., I) S. 109 Anm. 1 combiniert diese, also eine Tochter obiger Amalaberga, mit *Rodelinde*, der Gemahlin Auduins. Aber die Quellen der Langobardengeschichte (Origo gentis Langob. 4, 10; hist. Langob. cod. Goth. 9, 16; Paul. hist. Langob. 68, 33) wissen von ihrer ostgotischen Nationalität nichts. Der Name erscheint vielmehr specifisch langob., namentlich wegen des constanten *ô* (nicht ostgot. *u*; unten u. „Vocalismus" und C. Meyer, Spr. u. Sprdm. der Langob., Paderb. 1877, S. 264).

[3] Neues Archiv XV, 583.

[4] Vgl. u. „Suffixbildung"; Müllenhoff, Nordalbingische Studien I, 211; Sütterlin, Nomina agentis 4 f.

[5] Förstemann, Namenbuch I, 262.

[6] Zimmer, QF XIII, 246.

Varianten S. 31), Proc. *Θευδιχοῦσα*, Paul. *Theodicodo* nennt, während nach dem Anon. *Theodegotha* den Burgundenfürsten heiratet.[1]

Die Endung *-o* steht als got. fest, denn Jord. und Paul. geben sie ohne lat. Flexionsbildung auch als Acc., während Proc. und Anon. gr. und lat. Flexion anwenden. Das *c-* bei Paul. und bei Jord. in Varianten entstammt entweder dem häufigen mechanischen Wechsel von lat. *g* und *c*, bei denen das Zeichen für ersteres erst aus letzterem entstanden ist, während in ältester Zeit regelrecht, in der Kaiserzeit seitens des niederen Volkes beide Gutturale durch dasselbe *c* ausgedrückt wurden.[2] Oder aber die Unterscheidung ist beabsichtigt: got. *g* war im Anlaut Verschlusslaut, im Inlaut Spirans; trat anlautendes *g* durch Composition in den Inlaut, so blieb es trotzdem explosiv, und um einer Aussprache wie der des sonstigen inlautenden *g* vorzubeugen, dazu war die altlat. und immer noch vorhandene Schreibung *c* ein bequemer graphischer Ausweg. Das *χ* in Procops *-χοῦσα* mag man ebenso beurteilen: $\chi = c + h$[3], und sein *ου* als das alte ursprüngliche *u* des Gotennamens auffassen[4]; aber wegen des *σ* an langob. *-gusa*[5] denken zu wollen, wäre ein Anachronismus, dasselbe kann nur fehlerhaft sein.

OSTROGOTO.

Die burgundische Königin heisst bei Jord. und Paul. *Ostrogotho*, für deren Namen nur auf S. 47 verwiesen zu werden braucht. Ich zeigte im Neuen Archiv XV, 583 f., dass Ostrogoto ein unterscheidender Zuname für jene Tochter Theoderics ist, welche der Anon. Val. *Areuagni* nennt, dass

---

[1] Vgl. unter „Ostrogoto".
[2] Seelmann 343 f.
[3] Vgl. oben S. 54 f.
[4] Vgl. oben S. 44.
[5] *Austrigusa Austrecusa* heisst die Gemahlin des langobardischen Königs Wacho: das Langobardische monophthongiert nicht, Meyer 264. 281.

letzteres in *Ariagne* verbessert werden muss, und dass diese Ariagne als „die Ostgotin“ von der gleichzeitigen byzantinischen Kaiserin Ariagne unterschieden wird.

AMALASWINTHA.

Amalaswintha, die glänzende und geistreiche Tochter Theoderics, die Gemahlin des Eutharic, die Mutter des nachmaligen Königs Athalaric, führte nach dem Tode ihres Gatten und ihres Vaters für ihren noch unreifen Sohn die Regierung ganz unter Anlehnung an den Hof zu Byzanz und wurde etwa 535 auf Anstiften einer nationalen Gegenpartei unter Theodahath ermordet. Ihr Name steht als *Amalaswintha* durch alle Quellen fest.[1]

Der zweite Teil das st. Fem. zu got. *swinþs* „stark, gesund, kräftig“ an. *svinnr* „verständig“ ags. *swîþ* „stark, heftig“ as. *swîth(i)* „kräftig, tapfer“ mhd. *swinde* „gewaltig, stark, schnell“. Alle Quellen schreiben *su-*, wie z. B. auch im Ahd. *u* statt *uu* nach Consonanten gewöhnlicher ist[2]; und unsere gesamte ostgotische Überlieferung unterscheidet germ. *w* als inlautendes *u* und anlautendes *uu*. Für seine halbvocalische Natur spricht deutlich das gr. *-σουνθα*, wo der Halbvocal silbenbildend erscheint und das folgende *i* verschlungen hat.[3] Aber das gelegentliche *-suentha* für *-suintha* fällt auf (z. B. bei Jord. sieben *e* gegenüber nur einem *i*, vgl. ferner unten unter „Mateswintha“); wenn im Gegensatz zu diesem Schwanken andrerseits germ. *e* vor folgendem *i* oder *j* constant durch *i* reflectiert wird, so folgt daraus, dass der Übergang von *e* zu *i* vor Nas. + Conson. noch nicht in gleichem Grade durchgedrungen ist und hier erst von einem ostgot. *ę*, noch nicht *i* gesprochen werden darf; mehr unter „Vocalismus“. Das *th* steht fest.

[1] v. Froehde setzt in Bezz. Beitr. XIV, 110 unrichtig **Amalaswinþô* an, das nirgends belegbar.

[2] Braune, Ahd. Grmm. § 105. 107.

[3] An Notkers *suuúmmen* für *swimmen*, *guuúnnen* für *gewinnen* soll dabei nach Kögels Bemerkung im Litteraturbl. 1887, Sp. 109 nicht mehr erinnert werden.

EUTHARIC.

519 war für Theoderic noch einmal ein glänzendes Jahr, als sein Schwiegersohn Eutharic, der Gatte der Amalaswintha und gleichfalls aus amalischem Geschlecht, das Consulat bekleidete. Seine Adoption durch Kaiser Justin, seine grossartigen Circusspiele in Rom, Cassiodors ihm gewidmete Chronik sind dafür deutliche Zeugen; und sein Tod 522 war für Theoderic ein schwerer Schlag. Er mag deshalb hier behandelt werden, obwohl er einer spanischen Nebenlinie der Amalen entstammte und Theoderic ihn erst aus Spanien nach Italien übersiedeln hiess, sein Name also eher als west- denn als ostgotisch gelten kann. Derselbe steht mit lat. Endung als *Eutharicus* fest, namentlich durch Inschriften aus seinem Consulatsjahr,[1] aber auch durch Cass., Epist. pontif., Anon. Val., Jord., Paul. u. s. w.

Der erste Teil *eutha-*, mit festem *th* und ohne die in *Theode-* geläufige graphische Modificierung des *eu* in *eo*, = an. *jóþ* „proles"; vgl. die *Eudoses* bei Tac. c. 40[2], die swebischen *Iuthungi*[3] und das runische *Iuþingar* auf dem Stein von Reidstad.[4]

CILLICA.

Eutharic führt einen zweiten Namen, der auf den Inschriften *Cilliga*, *Gallica*, *Cellica*, *Filica*[5] lautet, bei den Historikern *Cillica* (Cass. chron., Anon. Cusp.) und *Cilliga* (Anon. Val., Prosp. auct.). Die schwankende Überlieferung scheint darauf hinzuweisen, dass der Name schon zur Zeit seines Trägers unverstanden war, für den dann *Eutharic* als verständnisvollerer Ersatz eingetreten wäre. Die Schreibung *Cillica* — das *ll* ist hypocoristische Consonantengemination — könnte den „Cilicier" bedeuten (lat. *Cilix -icis*,

---

[1] Rossi I, 968. 969. 970; CIL V, 7408. Abweichungen V, 6589: *Ehudericus*; IX, 410 *Eutaricus*; IX, 5807 *Eutericus*.

[2] Müllenhoff, Nordalb. Stud. I, 119 und Zs. X, 563 f.

[3] Zeuss 312 ff.; Grimm, GddS I, 500.

[4] Burg 113 ff.

[5] Rossi I, 968. 969. CIL V, 5426. IX, 410.

gr. *Κίλιξ -ικος*, bei Wulf. Cilicien = *Kileikia*) und die Schreibung *-iga* Anähnlichung an got. *-eigs*, schw. *-eiga* sein; doch bleibt diese Deutung grade so fraglich wie die Annahme einer keltischen Bildung[1] oder Zusammenhang mit an. *kíll* „Meeresarm, Meer"; [2] eine Anknüpfung an die an. Namen auf *-kell*, die ags. auf *-kill -kil*[3] verbietet sich von selbst, wenn diese wirklich alle auf *-ketill* zurückzuführen sind. *Gallica* wäre zu Förstemann, Namenbuch I, 462. 466 zu stellen, der an an. *gala* ags. ahd. *galan* „singen, bezaubern" denken möchte; richtiger wird von dem gallischen Volksnamen auszugehen sein. *Filica* scheint secundäre Koseform zu einem Namen wie etwa ostgot. *Felithanc*.

HARIGERN.

Während des Schismas vom Jahre 501 und später führt über die Stadt Rom der Comes *Arigernus* (so Cass. Var. und die Epist. pontif.) das Regiment.[4]

Got. *harjis* muss als erstes Compositionsglied *harja*- lauten, und demgemäss heisst der alte Gotenkönig im 4. Jahrh. bei Jord. wie beim Anon. Val. correct *Ariaricus*.[5] Bei der ostgotischen Neigung, den Fugenvocal zu schwächen und zu palatalisieren, wäre zunächst über **harje-* ostgot. **harji-* zu erwarten, das auch in der lat. Schreibung (*h*)*ari*- vorliegen könnte (vgl. lat. *abicere, Pompei, ais* u. ä. oder das *scapia* für *scapi ia* im gotischen Hexameter). Trotzdem wird auch die ostgot. Compositionsform schon *hari*- gelautet haben durch Einwirkung der Nominativform des Simplex, welche ostgot. *hari* lautet, wie umgekehrt bei den *jan*-Stämmen das Simplex auf *-ja* auch das *-ja-* der Compositionsfuge länger schützt.[6] Der Unterschied kurz- und

---

[1] Stark, Wiener Sitz.-Ber. LIX (1868), 206.
[2] Cleasby-Vigfusson 340.
[3] Stark, Kosenamen 52.
[4] Mommsen, Neues Archiv XIV, 515.
[5] S. Mommsens Jordanes S. 146.
[6] Vgl. unter „Wiljarith".

langsilbiger *ja*-Stämme ist in der Zusammensetzung also nicht mehr erkennbar wie bei Wulf. (*alja-kuns*, *andi-laus*) und die von Sievers, Beitr. XII, 486 ff. behandelte Verkürzung des stammauslautenden *ja* zu *i* für das Ostgot. sehr einfach erklärt; wie weit diese Erklärung auch auf andre Dialecte ausgedehnt werden darf, bleibt freilich eine andre Frage.

Das zweite Namenglied, got. *gaírns* (in *faíhu-*, *seinagaírns*) an. *gjarn* u. s. w., ist in Namen nicht selten, wird noch in ostgot. *Fridi- Ali- Hildi- Holdi-gern* begegnen und zeigt als *a*-Stamm überall die Latinisierung *-gernus*.

BEDEWULF.

Gleichzeitig wie Arigern werden zwei vornehme Goten und Maiores domus nach Rom mit militärischen Functionen geschickt: *Bedeulfus* und *Gudila*, wie sie in den Epist. pontif. heissen.

Für den ersteren Namen bleibt die Frage nach der Etymologie seines Anfangsgliedes bei der schwankenden Überlieferung (oben S. 28) eine offene. Das häufige *ph* für germ. *f* könnte zu der Annahme führen, dass er durch griechischen Mund oder griechische Feder gegangen, und daher das anlautende *b* für griech. Transscription eines germ. *w* ansehen lassen (vgl. **Βανδίλοι** u. s. w.), wie denn auch zwei Hss. *v* überliefern. Danach würde der Name derselbe sein wie z. B. der *Widulf* des Pol. Irm. und dasselbe erste Compositionselement enthalten wie etwa die Goten *Vidigoia* und *Vidimer* bei Jord.: got. **widus* an. *viþr* ags. *wudu* ahd. *witu* „lignum, silva“,[1] und für das *e* der Wurzelsilbe (eine Hs. hat *Bideulfus*)

[1] Hier ist also das inlautende *d* der Namen das alte gotische. Bedenkt man nun, dass im späteren Got. auch das alte tonlose *þ* tönend wird (vgl. o. *Amalafrida* und unten „Consonantismus“), so kann das inlautende *d* zweierlei Ursprung haben: wulf. *d* und *þ*, und die häufige Unsicherheit in der Wiedergabe der dentalen germ. Spiranten bei den lat. und gr. Autoren wird hierauf beruhen. Es ist nichts als sogen. umgekehrte Schreibung, wenn z. B. dem *Vidimer* oder *Vidigoia* des Jord. ein *Vithimiris* oder *Vithicabius* bei Ammian gegenübersteht, wenn

wäre auf *Felithanc* zu verweisen. Bei dieser Deutung bliebe jedoch das zweite *e* in *Bedeulfus* insofern auffallend, als das Ostgot. sonst den Fugenvocal vor anlautendem *w* des zweiten Teils auszustossen scheint. Nimmt man hingegen für das erste Glied ursprünglichen Auslaut *ja-* an, so könnte das *a* vor *w* geschwunden und das restierende *j* durch obiges *e* reflectiert sein. Dann würde die Lesart *Bideulfus* auf got. *bidjan* an. *biþja* u. s. w.[1] führen, wozu etwa der *Bitheridus* om Jahre 373 bei Ammian 29, 4, 7 (dessen *th* nach der vorhergehenden Anmerkung zu beurteilen) oder Förstemann, Namenb. I, 256 zu vgl. Damit wäre auch das *b* der Überlieferung bewahrt. Will man auch das erste *e* retten und *Bedeulfus* als das ursprüngliche bestehen lassen, dann gehe man nicht von *bidjan*, sondern von got. *baidjan* an. *beiþa* u. s. w. „gebieten, zwingen"[2] aus und nehme *bêde-* als ostgot. Monophthongierung; die Bedeutung würde eher für letzteres sprechen.[3]

Got. *wulfs* an. *úlfr* u. s. w.[4] erscheint als zweites Compositionsglied in ostgot. Namen bald in der Form *-ulf-* bald *-uulf-*. Dieses Schwanken beweist, dass das halbvocalische *w* hier noch in der Compositionsfuge erhalten ist. Die Schreibung *uu* kann sowohl lat. (= *vu*) als germ. (= *wu*) sein, und man vgl. damit die ahd. Orthographie[5]; aber auch

---

bei letzterem 31, 3, 3 *Viderichus*, jedoch 31, 4, 12 *Vithericus* zu lesen ist. — Dass *Witigis* alte Tenuis enthält, darüber unter diesem. Er ist daher vom *Vidigoja* fernzuhalten und nur dieser allein mit Müllenhoff, Zs. XII, 255 ff., für die historische Grundlage des *Witege* der deutschen Heldensage anzusehen (*Witugouuo Witugô Witigo Witege;* vgl. as. *Widugô* ags. *Wudgâ Widia*). A. a. O. warnt Müllenhoff auch vor Verwechslung von ahd. *Witugo* as. *Widugo* mit ahd. *Wituhho* as. *Widuco*, und für letzteres hat er Jord. 155 auf den got. „*Veducus*" hingewiesen; aber letzterer heisst Jord. 85, 18 im Nomin. *Veduco*, d. i. got. **Widuka*, eine Koseform etwa zu **Widugauja* o. ä., wo das Suffix gegenüber sonstigem *-ika* Suffixablaut aufweist.

[1] Osthoff, Beitr. VIII, 140 ff.

[2] Osthoff, a. a. O. 145 f.

[3] Aus der Litteratur über *Beda Fimmilena* (Scherer, Weinhold, Jaekel) ist zu Gunsten obigen Namens nichts beizubringen.

[4] Grimm, Gr. II (1878), 313 f.

[5] Braune, Ahd. Gr. § 105.

die Schreibung *u* kann für germ. *wu* stehen wie ebenfalls im Ahd.[1] Besonders bezeichnend ist bei Marini *Waduulfus* neben *Wadouulfus*, und Ficks Behauptung, Zs. XXVII, 244, *wulf-* werfe als zweites Compositionsglied sein *w* ab, ist für das Ostgot. haltlos[2]; dasselbe schützt das *w* hier vielmehr grade so wie in den vielen Namen auf *-win*, *-wih* u. s. w. und steht darin mit dem Ags. auf gleicher Stufe im Gegensatz zum Ahd.[3]

Der Abfall des Nomin.-*s* zeigt sich schon bei Jord. in den Amalennamen *Achiulf*, *Oduulf, Ediulf*, *Vultuulf*.[4] ebenso bei dem Ostgoten *Γουνδούλφ* oder *'Ινδούλφ* Proc. Sonst, dem *a*-Stamm gemäss, immer die lat. Flexion *-ulfus -ulfi*.

Für die Bedeutung dieses häufigsten germ. Namengliedes sei kurz auf W. Grimms Aufsatz über die mythische Bedeutung des Wolfes hingewiesen[5] und an die Wülfinge erinnert, wie Hildebrands Familie und die Ostgoten der Heldensage überhaupt heissen.

GUDILA.

Bedewulfs College heisst nach Cass. Var. und den Epist. pontif. *Gudila*, ebenso auf einer fragmentarischen Inschrift von Ravenna, CIL XI, 268. Denselben Namen führt ein späterer Gote in einer Urkunde von 557.[6] Vorher ist schon in Jordanes' gotischer Urgeschichte der *Κοθήλας ὁ τῶν Θρακῶν βασιλεύς* des Satyrus bei Athenaeus 13, 5 p. 557[d]

---

[1] Braune, ib. § 105, 2.

[2] Vgl. Martin, Anz. XIV, 285. Der got. Bibelübersetzer des 4. Jahrhs. hiess mit Cass. und Jord. *Vulfila*, nicht mit Auxentius *Ulfila*, wie Fick a. a. O. will, indem er den Namen als eine vom zweiten Compositionsglied *-ulf* hergeleitete Koseform auffasst; vgl. Bernhardt, Wulfila VII; Sievers in Pauls Grundr. II, 67, 4.

[3] Kluge, Beitr. XII, 378.

[4] Zu *Achiulf* vgl. u. „Thorisa", *Oduulf* u. „Odwin"; zu *Ediulf* mit Monophthongierung im Anlaut vgl. u. „Starcedius" und bei Malch. 248, 9 den Amalen *Αἴδοιγγος* a. 479; zu *Vultuulf* u. „Sigiwulth".

[5] Zs. XII, 203 ff., jetzt auch Kl. Schr. IV, 402 ff., besonders 404.

[6] Dahn, Könige IV, 32, 2.

zu einem *Gudila* geworden.[1] Der Name ist ein secundärer Hypocorismus, zu welchem der primäre *Guda* Cass. Var. IV, 39 erscheint und der ursprüngliche Vollname in einem der ostgot. *Gudinand, Gudwin, Gudileub, Guderith* vorliegen mag. Mit allen diesen steht auch die Schreibung *gud-* und damit Anknüpfung an got. an. *guþ* ags. as. *god* ahd. *got* fest. Da das Ostgot. die wulf. Länge *ô* zu *u* färbt, könnte auch wulf. *gôda-* (got. *gôds* an. *góþr* ags. as. *gôd* ahd. *guot*) vorliegen, doch wäre dann die Schreibung *u* für *o* schwerlich so consequent.[2]

PITZ(I)A.

Ein weiterer Comes Theoderics, der 504 die Gepiden schlägt, heisst bei Jord. *Pitza Petza;* der Acc. *Pitzamum* 135, 6 ist gewiss nur ein Schreiberversehen, welches dem Acc. *Pitzam* ein lat. *-um* nochmals anhängte, wie XYZ auch allein *Pitzam* haben. Ennod. nennt ihn *Pitzia.* Ob er derselbe gotische Feldherr ist, den Proc. unter Witigis 537 *Πίτζας* nennt, bleibe dahingestellt.[3] Der Name ferner als *Pitzia* bei Cass. Var.[4]

Dietrich S. 84 versuchte noch eine germanische Etymologie des Namens, während schon Grimm, GddS 479 Anm., ihn lieber für ungotisch hielt. Für letzteres spricht schon das anlautende *p.* Es ist der gr. *Πυθέας* oder *Πυθίας*[5]. Für das constante *tz* statt *th* oder *thi* erinnere ich an Wand. 88, wonach derselbe Feldherr bei Coripp. *Stutias* (d. i. got. **Stutja*), bei Jord. u. a. *Stotzas* heisst. Wir haben es hier nicht mit einem germ. Dialectmerkmal zu thun,[6] sondern allein mit einer bekannten Erscheinung gr. und lat. Schrift,

---

[1] Grimm, Zs. VII, 395. Dass Dahn, Könige III, 66, 1, Unrecht hatte, den *Quidila* bei Cass. Var. VIII, 26 in *Gudila* zu bessern, darüber unter „Quidila".

[2] Vgl. unter „Gudiscalc".

[3] Dahn, Könige IV, 174.

[4] Dahn, Könige IV, 149.

[5] Academy 1887, S. 206. Fick, Personenn. 74.

[6] Wie Sievers in Pauls Grundriss I, 416 will.

mit dem bekannten Assibilationsprocess der Dentale, für welchen ich kurz auf Seelmann 320 ff. verweise und ebendaher lat. inschriftliche Beispiele entnehme wie *Caritze* für *Caritie*, *Bonizza* für *Bonitia*; auch an *Scandza*, *Burgundzones* u. a. bei Jord. sei erinnert; und wenn bei Proc. zu *Πίτζας* die Variante *Πίσσας* lautet, so vgl. man bei Seelmann *Crassano* für *Gratiano* u. ä. Dass diese Assibilation nicht got., nur röm. ist, das zeigt deutlich das *kawtsjô* der got. Urkunde: wäre got. *t* assibiliert gewesen wie lat. *t*, dann hätte der Gote nicht nötig gehabt die Assibilation zu kennzeichnen und lat. *cautio* als got. *kawtjô* transscribiert; da sein *t* jedoch von dem lat. verschieden war, so gab er das *cautio*, ganz der lat. Vulgärsprache folgend, als *kawtsjô*.

Ennod., Cass., Jord. geben dem Namen got. Endung *-a* statt gr. *-ας*. Häufiger begegnet das Umgekehrte, wenn *Totila* als *Totilas* erscheint u. ä.

BAUTO.

Für ungotisch halte ich den Namen des Regiae domus conductor, welcher nach Ennod. wegen rückständiger Steuern verklagt wird[1]: *Bauto*. Denn wenn das *au* alt, müsste es ostgot. zu *o* geworden sein; und junges durch Epenthese aus *badw-* entstandenes *au* anzunehmen,[2] hindert das *t*; die Überlieferung gotischer Namen ist aber sonst bei Ennod. sehr correct. Der Name ist sonst nicht selten und documentiert sich vielleicht auch als ungermanisch, wenn ihn ein Consul des Jahres 385[3] oder ein Feldherr des Gratian[4] u. ä. führen. Nur nebenbei sei an die Gruppe der keltischen *Boudius Boudus* erinnert.[5]

---

[1] Dahn, Könige IV, 141, 2.
[2] Wand. 67 f. 76: *Baudus*.
[3] CIL XIV, 2934.
[4] Zosim. IV, 33, 1. 53, 1.
[5] Zeuss-Ebel, Gr. celt. 34.

GEVICA.

Gevica, bei Ennod. ein Impulsor ordinatus, für got. *Gibica* (vgl. u. a. den *Gibica* der Lex Burg. 3 und überhaupt den *Gibich* der Heldensage: an. *Gjúki* < **Giƀuki* ags. *Gifica* as. *Giveko* ahd. *Kipicho* mhd. *Gibeche*[1]) mit ostgot. *ę* für wulf. *i*, mit spirantischem *v* für intervocalisches *b* und mit hypocoristischem Suffix, zu einem ursprünglichen mit got. *giba* an. *gjǫf* u. s. w. componierten Vollnamen, vgl. unten ostgot. *Gibimer, Geberic*. Mit anderem Secundärsuffix auch ein ostgot. *Gibila*, w. s.

ERDWIH.

Bei Ennod. führt 210, 34 ein nobilissimus Gotus den Namen *Herduic*, 36, 26 ein illustris vir Ticinensis den Namen *Erdui*. Ob beide identisch, steht dahin.

Da für got. *haírda* an. *hjǫrþ* ags. *heord* ahd. *herta* die gleiche Bedeutung wie für das urverwandte ai. *çárdhas* „Schar" durch nichts bewiesen ist, so liegt got. *aírþa* an. *jǫrþ* ags. *eorþe* as. *ertha* ahd. *erda* näher, vgl. die Bedeutung von an. *jǫrþ jarþir* „Liegenschaften, Grundbesitz".[2] Der Fugenvocal fehlt vor folgendem Halbvocal.

Was das zweite Namenelement betrifft, so zeigen zunächst beide Citate das ostgot. Fehlen des Nom.-*s*. Ferner scheinen sie einen got. Beleg zu geben für das in den andern germ. Dialecten vorhandene Nebeneinander von germ. *weg wig* und *weh wih*: *Herduic* mit auslautendem *c* für *g* — das hier schwerlich auf römischer Umschreibung aus gr. *χ* (vgl. *Μουνδίουχος, Ἀλάβιχος*) beruhen, sondern nur lat., nach S. 65 zu beurteilende Schreibung sein wird, zumal der Lateiner kein auslautendes *g* kannte, — und *Erdui* mit gewöhnlicher Unterdrückung des got. *h*. Die Geschichte dieses in an. *vé* ags. *wih weoh wig weg* as. *wih weg* ahd. *wih* „Tempel" u. s. w.

[1] Grimm, Zs. I, 572; Müllenhoff, Zs. X, 153 f.; Wackernagel, Kl. Schr. III, 399.

[2] Möbius, Altn. Gloss. 223.

und vielen Eigennamen, namentlich den westfränkischen auf *-vechus -veus*, den an. auf *-vir*, den ahd. und as. auf *-vius -wich -wig -wih*, vorliegenden germ. Wortes behandelt Henning, Runendenkmäler 33 ff., ausführlich, auch unter Heranziehung reichen Namenmaterials, und auf ihn sei hier verwiesen. Der Wechsel in der auslautenden Consonanz erklärt sich aus ursprünglich verschiedener Betonung. Aber dem germ. *wih* könnte nur ein got. *waíh* entsprechen, sodass bei dem correcten Ennod. *Erdue* zu erwarten wäre. Wir lesen deshalb bei ihm besser *Erduī* und *Herduīc* und legen das den gleichen Accentwechsel wie oben *wih wig* aufweisende und in germ. Namen nicht minder beliebte **wîhan *wîgan* „kämpfen, streiten" (got. *weihan* an. *vega* ags. *wîgan* ahd. *wîhan wîgan*) zu Grunde, wovon der zweite Teil unseres Namens als adjectivisches Nomen agentis mit dem Suffix *a* gebildet ist (vgl. das an. Adj. *vígr* „kampftüchtig, streitbar" zu an. *víg* as. *wîg* ahd. *wîg wîc* „Kampf"). Wieweit Abschwächung der Bedeutung und Beeinflussung durch das andere *wih wig* stattgefunden,[1] bleibt dahingestellt, zumal die Identität der beiden Personen bei Ennod. unerwiesen ist.

THANCILA.[2]

Der sublimis vir comes *Tancila* bei Ennod. ist wahrscheinlich der Comes von Comum: *Tancila* Cass. Var. Ostgot. *Thancila* = wulf. **þagkila* ist wiederum ein secundärer Hypocorismus, woneben auch der primäre *Thanca* bei Cass. Var. erhalten ist, zu einem ursprünglichen zweigliedrigen Vollnamen wie etwa ostgot. *Wilithanc, Felithanc, Ricithanc.* Vgl. got. *þagks* (Acc. *þank* Luc. 17, 9) an. *þǫkk* u. s. w., in Namen[3] noch mit ganz allgemeiner Bedeutung (vgl. z. B. im Hel. *thank* = „Freude, Wille" und seine Bedeutung in Compositis[4]). Man denke an die vielfache Verwendung von

[1] Henning 33, 3. 35.
[2] Zu *Gudilevo* bei Ennod. unter „Gudeleub".
[3] Förstemann, Namenbuch I, 1149 ff.
[4] Zimmer, QF XIII, 119.

hugs hugjan in Namenbildungen[1]: das häufige fränkische *Hugo* ist eine dem ostgot. *Thanca* völlig analoge Bildung.

THRASEMUND.

Bei Ennod. 116, 24 *Trasemundus* der Name eines unglücklichen Mailänders, während 138, 24 der „vir illustris" und „regiae stirpis germen" *Trasimundus* vermutlich der gleichnamige Wandalenkönig ist. Wulf. **þrasamunds,* vgl. Wand. 74.

THORISA.

Goebel, Mod. Lang. Not. 1888, Sp. 99, möchte bei *Thrasemund* nicht nur an got. *þrasa-balþei,* sondern auch an den westgot. *Thursimund* denken und beide Formen auf die gemeinsame Wurzel *dhars* zurückführen, wozu air. *trén* gr. *θρασύς* an. *þurs* u. s. w. zu vergleichen wären. Aber zu gr. *θρασύς θαρσέω* ai. *dháršāmi* lit. *drąsà* stellt das Got. speciell *ga-dars* (ags. *dear* as. *gi-dar* ahd. *gi-tar*), und das Ostgot. hat beide Stämme neben einander: neben obigem *Trasemundus* überliefert derselbe Ennod. auch einen *Torisa.*[2] Letzteres ist ein primärer Hypocorismus, etwa zu *Thorismuth,* der so in der amalischen Stammtafel bei Jord. und Cass. Var. XI, 1 vorkommt. Als Composition wie got. *sigis-laun* liefert die feststehende Schreibung *Thoris-muth* zu an. *þurs* ahd. *durs* ags. *þyrs* (letzteres secundäre *ja*-Bildung, vgl. mhd. *türse*) „Riese" die got. Entsprechung **þaúris.* Das Wort ist mit dem bekannten Nominalsuffix *es is* gebildet und hat in den aussergotischen Mundarten seinen Suffixvocal eingebüsst analog an. *sigr, hatr* u. ä. gegenüber got. *sigis, hatis;* doch belegt Grimm, Myth. 488, noch eine Glosse *duris* (= lat. dis ditis) und *thuris* (orcus). Der Dental des Suffixes ist *s,* nicht *z,* und got. **þaúris* stellt sich zu got. *rimis* (Gen. *rimisis*), *agis* (vgl. ahd. *egis-lîh*

---

[1] Förstemann I, 750 ff.

[2] Dahn, Könige III, 117, 3.

egiso, ags. *egesa*), nicht zu got. *sigis*, *hatis*, *riqis*, *bariz-eins* (vgl. an. *sigr*, *hatr*, *røkkr*, *barr*).[1] Das Suffix bildete auch Concreta, wie z. B. ahd. *rind* ags. *hrîþer* got. **hrinþis* beweist.[2] Got. **þaúris* an. *þurs* ahd. *durs* ist *es*-Ableitung eines primären **þaúr-*, welches im an. Verbum *þora* „wagen" got. **þaúran* (wie an. *þola* zu got. *þulan*) vorliegt, und fernzuhalten[3] von got. *þaúrsus ga-þairsan* u. s. w., deren *s* vielmehr wie das in ai. *tṛšu- tŕšyati* gr. τέρσομαι lat. *torreo* (**torseo*) schon der idg. Wurzel angehörte. Gleich dem secundären **þaúris* wird auch das primäre **þaúra-* zur Namenbildung verwertet, wie der got. *Thurvarus*, der gepid. *Thurisind* zeigen,[4] und neben dem amalischen *Thoris-muth* steht ein Hauptmann Belisars, der bei Proc. Θορι-μοὺϑ heisst. Das liefert einen weiteren Beleg für das häufige Nebeneinander von *a*- und *s*-Stämmen im Germ., vgl. got. *hais* und ahd. *hei gehei*, got. *ahs* ahd. *ahir* und *ah*, ebenso ags. *hrîþer* und *hrîþ-hyrde*.[5] Für das Got. wird neben gewöhnlichem *hatis* das primäre *hata-* belegt durch den Gen. *hatis* Eph. 2, 3 im Cod. B, welchen ich also nicht mit Kremer[6] und Braune[7] als Rest consonantischer Flexion des *es*-Stammes betrachte.[8] Man vgl. ferner den Amalen *Achiulf* für *Agiulf* bei Jord. mit got. *agis* (s. o.)[9], Holthausens *Requa-livahanus*[10] mit got. *riqis*, möglicherweise auch den oben behandelten *Walamer* mit got. *walis*. Mit letzterem Adj. wäre unser

---

[1] Brugmann, Vgl. Gr. II, I, 394.

[2] Kluge, Nomin. Stammbildg. § 84.

[3] Entgegen Zimmer, QF XIII, 29.

[4] Henning, Runendenkmäler 98.

[5] Zimmer, QF XIII, 218; Kremer, Beitr. VIII, 389; Kluge in Pauls Grundr. I, 399.

[6] Beitr. VIII, 388.

[7] Got. Gramm.[3] § 94, 5.

[8] Vgl. Heyne, Ulfilas[8], im Glossar, wo jedoch das an. *hatr* zu streichen ist; denn hier ist *r* suffixal und nicht etwa masc. Nomin.-*r*, wie H. anzunehmen scheint: an. *hatr* ist Neutr. (vgl. Cleasby-Vigfusson 241).

[9] Wenn hier nicht die Schreibung *Achliulf* in XYZ auf got. *agls* weist.

[10] Jahrb. d. Vereins von Altertumsfreunden im Rheinl., Heft 81 (Bonn 1886), S. 81.

**þaúris* auch zu vgl., wenn die Erhaltung des *s* im westgerm. *duris* auf Oxytonierung und damit auf ursprünglich adjectivische Function weist.[1]

TRIGGWA. TRIGGWILA.

Bei Ennod. findet sich ein *Triggua* und bei Boeth. ein Praepositus regiae domus *Trigguilla* (al. *Triguilla*), vermutlich derselbe, welcher als Praepositus cubiculi beim Anon. Val. *Triuua* (Abl. *Triuuane*) heisst.[2] Dazu kommt noch der Sajo bei Cass. Var. III, 20, dessen Name nach der Latercula-Lesart des Leid. und dem Gros der besseren Hss. jetzt als *Triuuila* sicher gestellt ist.[3] Ein primärer und ein secundärer Hypocorismus neben einander und ausserdem jeder von beiden in der doppelten Form *Triuua Triggua* — *Triuuila Trigguila! Triggua* wulf. **Triggwa* ist identisch mit dem an. *Tryggvi* und geht, wie dieses auf *Sigtryggr, Útryggr, Tortryggr* o. ä.,[4] auf einen zweigliedrigen Vollnamen zurück, der mit got. *triggws* (an. *tryggr* ags. *treówe trŷwe* as. *triuwi* ahd. *gi-triuwi*) componiert war. Man könnte nun versucht sein in *Triuua Triuuila* das *uu* als germ. *w* aufzufassen und so zwischen **Triwa* und *Triggwa* denselben grammatischen Wechsel wie zwischen an. *trúr* und *tryggr* zu sehen; dies geht jedoch deshalb nicht an, weil die ganze ostgot. Überlieferung inlautendes *w* nur als *u*, nicht als *uu* wiedergiebt und weil dann speciell Cass. *Triuila*, nicht *Triuuila* geschrieben hätte.[5] Auch diphthongische Entwicklung und Zusammenfall mit dem ursprünglichen Diphthong germ. *eu*[6]

---

[1] Müllenhoff, Zs. XXIII, 172 f. (Hierher auch der *Mars Thingsus* = **þingis*).

[2] Dahn, Könige III, 200, 3; Mommsen, NA XIV, 512, 1.

[3] Ferner vielleicht ein servus Amalasunthae bei Greg. Tur. 134, 20. 135, 2, wenn hier *Traguila* (al. *Trauuila*) in *Triguila* (*Triuuila*) herzustellen wäre (vgl. Krusch ib.). Anders Dietrich 76, 68.

[4] Cleasby-Vigfusson 643.

[5] Andernfalls wäre hier eine Stütze für Bechtels problematischen Versuch gewonnen (Götting. Nachr. 1885, 235 ff.), die ostgerm. Verschärfungen aus ursprünglichen Accentverhältnissen zu deuten.

[6] Wie im Ahd., Braune § 113.

ist des constanten *i* wegen fernzuhalten; denn das Ostgot. hat diesen in seiner alten Form *eu* noch festgehalten und lässt ihn nur selten durch *iu* transscribieren. Hingegen könnten, da die ostgerm. Verschärfung *ggw* mit Braune[1] auf gemeingerm. *ww* beruht, obige *Triuua Triuuila* beim Anon. und bei Cass. dieses germ. *ww* reflectieren gegenüber dem specifisch got. *ggu* bei Ennod. und Boeth.; aber das got. *ggw* kennt bereits bei Wulfila im 4. Jahrh. kein solches Schwanken mehr,[2] und obige *Triggua* und *Trigguilla* des 6. Jahrhs. sprechen für dessen Festigkeit grade so wie seine treue Erhaltung im ital. span. port. *tregua tregoa*.[3] Vielmehr werden jene *Triuua Triuuila* nur auf abweichende Schreibung zurückzuführen sein. Der Guttural in der got. Verschärfung *ggw* war Verschlusslaut, lat. intervocalisches *g* hingegen wurde spirantisiert;[4] es machte sich daher für die lat. Niederschrift des got. Lautes das Bedürfnis einer graphischen Modificierung grade so geltend, wie oben S. 65 beim Explosivlaut *g* im Anlaut, der durch Composition in den Inlaut trat. Das Resultat derselben war jedoch hier ein anderes: *Triggua* wurde vielmehr für den Lateiner zu *Triuua*, wie das gr. *σάγμα* „Packsattel“ von dem römischen Ohre als *sauma*, gr. *πῆγμα* „Gerüst“ als *peuma* aufgefasst wurde.[4] Dieselbe Nüancierung finde ich Jord. 108, 6. 7, wo das

---

[1] Beitr. IX, 545.

[2] Dass die Gemination *gg* im Got. zwei ganz verschiedene Lautverbindungen repräsentiert, gilt aus theoretischen Gründen längst für selbstverständlich (Braune[3] § 68): obige *Triggua Trigguilla* bringen dafür gegenüber dem sonstigen *ng* auch positive Belege. — Ich weiss nicht, ob dieser doppelte Lautwert derselben Buchstabengruppe bei Wulfila schon analogice für die got. Diphthongfrage verwertet ist: das nasale *gg* entnahm er dem Griech., das explosive *gg* ist einfache Lautfügung *g* + *g*; ebenso entspricht got. *ai* = *aí* dem damaligen Lautwert von gr. *αι*, got. *ai* = *ái* ist diphthongisches *a* + *i*.

[3] Es ist also nicht der einzige Beleg dafür, dass germ. *w* auch im roman. Inlaut durch *gu* reflectiert wird, wie Diez, Gramm. I[3], 325 will; es beruht eben nicht auf westgerm. **treuwa* (ahd. *triuwa* as. *treuwa* ags. *treówe*), sondern auf got. *triggwa*.

[4] Seelmann 349. — Oder liegt volksetymologische Anlehnung an *triu* „arbor“ vor? Vgl. zu *Triwila* den römischen Frauennamen *Arbuscula*.

gallische *leuca* oder *leuga* „Meile" (das Schwanken von *c* und *g* beweist auch hier den Verschlusslaut) in der Mehrzahl der Hss. mit *leuua* reflectiert wird.[1]

MAMMO.

Bei dem Dux Gotorum *Mammo,* den Mar. Avent. zum Jahre 509 erwähnt, kann an got. *mammô* „Fleisch" denken, wer bei dem Westgotenkönig *Wamba* an got. *wamba* „Bauch" denkt. Und diese Auffassung letzteres Namens als Neckname bleibt trotz Stark[2] immer noch die plausibelste. Der neckende Beiname hat den ursprünglichen Namen verdrängt, was auch sonst genügend belegbar. Grade in Starks „*Wamba qui et Petrus*" (Diacon von 638) liegt ja noch solche Doppelbenennung vor.

IBBA.

Ibba heisst bei Cass., Jord., Paul., *Helba* (l. *Hebba*) in den Randglossen zu Vict. Tunn., *Ebba* bei Isid. der Comes Theoderics, welcher, Katholik und möglicherweise Gepide, wahrscheinlicher jedoch[3] Commandant des gepidischen Armeeteils der Goten, ein gotisches Heer 508 über die Seealpen führte und die verbündeten Franken und Burgunden schlug.[4] Die Randglosse *Helba* könnte auf **Ilba* weisen[5] und einen weiteren Beleg liefern für die Assimilation des *l* an den folgenden Consonanten in Kosenamen (vgl. *Baddo, Abbo, Woffo* < *Baldo, Albo, Wolfo*[6]). Dennoch scheint diese Deutung

---

[1] HPVLA, nur *leuca* O, *leuga* BY; *legua* in X zeigt Metathesis wie sp. *legua* pg. *legoa* (Diez, Wörterb. I³, 246). Die umgekehrte Metathesis im mlat. *treuga*.

[2] Kosenamen 108 ff. Vgl. Wackernagel, Kl. Schr. III, 350.

[3] Dahn, Könige IV, 171, 1.

[4] Vgl. Mommsens Jord. S. 151.

[5] Förstemann, Namenbuch I, 774.

[6] Henning, Runendenkm. 60. Hier kann Hennings Deutung des Wortes *Iddan* auf der burg. Spangeninschrift von Charnay als *Hildan* aus obigen Gründen gleichfalls zweifelhaft scheinen, zumal er daneben

bedenklich. Derartige kindliche Lall- und Koseformen — nur um solche, nicht um historische Lautübergänge handelt es sich bei den erwähnten Assimilierungen — haben freilich zu allen Zeiten existiert, zur Aufzeichnung aber wurden sie erst verwandt, als sie in der Umgangssprache fest geworden waren und wie ursprüngliche Namen angesehen wurden; und das ist in der ostgotischen Periode schwerlich schon der Fall gewesen: von Starks Belegen[1] geht keiner über das 8. Jahrh. hinaus, und ein ostgot. Kurzname wird uns noch als *Albi* begegnen, obwohl kosendes **Abbi* den Goten grade so geläufig gewesen sein wird wie andern Stämmen. Dazu ist *Ilba* nicht einmal sicher germanisch.[2] Dass *Ibba*[3] die got. Entsprechung zum ags. *ebba* nd. *ebbe* bietet (gewöhnlich zu got. *ibuks* „rückwärts", ahd. *ippihhôn* „zurückrollen" gestellt) und einen entsprechenden Beinamen repräsentieren könnte, sei nur nebenbei bemerkt.

GATTILA.

Eine Mailänder Inschrift vom Jahre 512[4] nennt einen Goten im Gen. *Gattilanis.* Man beachte die *n*-Flexion und die hypocoristische Consonantengemination, die hier den Anlaut des zweiten Bildungselements ergriff wie im inschriftlichen *Ustarric* (s. u. „Usda"). *Gatila*, zu got. *ga-tils* „passend, tauglich" (ags. *til*, dazu an. *til* ahd. *zil* „zu"), würde als characteristischer Zuname in seiner schwachen Form auffallen und wird daher eine Substantivierung sein wie got. *gamainja* zu *gamains*, *unhulþa* neben *hulþs* u. a.[5]

Vollnamen wie *Iddofredo*, *Itaberga* belegen kann. Wäre es nicht möglich, nach dem Vorbilde von *Thoris-* und *Thor-* oben S. 77 neben dem got. **idis* ags. *ides* as. *idis* ahd. *itis* (Grimm, Myth. 372) ein primäres **id-* anzusetzen? Vgl. J. Grimm schon in der Vorr. zur 1. Aufl. von Gramm. I, p. XLII. Sonst sei noch an das an. Fem. *iþa* „Wirbel, Meeresstrudel" erinnert (Cleasby-Vigf. 313).

[1] Kosenamen 28 f.

[2] Stark, ib. 113.

[3] Förstemann, Namenbuch I, 769.

[4] CIL V, 6176.

[5] Leo Meyer, Die gotische Sprache (Berlin 1869), § 354; Lichtenheld, Zs. XVI, 363; Kögel, Beitr. XIV, 102.

HUNIMUND.

Der in der Amalentafel zweimal erscheinende Name *Hunimund* (*Hun(n)imundus* Jord., *Unimundus* Cass.) findet sich auch im ostgotischen Zeitraum wieder: anno 24. Theod. wird bei Agnellus ein arianischer Bischof von Ravenna *Unimundus* genannt.

Nachdem Müllenhoff mit *hun-* componierte Germanennamen schon vor dem historischen Erscheinen der Hunnen nachgewiesen,[1] wird das Namenglied, wieder mit Müllenhoff,[2] am besten zu an. *hûnn* gestellt, mag man es nun mit „catulus, ursinus" übersetzen und zu den übrigen onomatologisch verwandten Tiernamen stellen oder als „recens natus" mit *þius, niwi, νεός* in Eigennamen auf eine Stufe bringen. Hingegen erscheint Riegers Anknüpfung an die norddeutschen Hünengräber und den vermeintlichen Namen der vorgermanischen Bewohner Norddeutschlands[3] zwar geistreich, aber grade der vielen hierher gehörigen germanischen Personennamen wegen (bis zu unserm *Humbert, Humboldt* u. v. a. herab) wenig wahrscheinlich.

HILDEWARA.

Eine Urkunde aus dem Jahre 523 handelt von den kirchlichen Schenkungen einer Gotin *Hildevara;*[4] so die Namensform bei Marini Nr. 85, 12. 15. 22.

Zum ersten Teil, got. **hildi* an. *hildr* ags. as. *hild* ahd. *hiltja hiltea hilta,* vgl. unter „Dumilda."

Der zweite Teil, got. *-wara,* ist das femin. Nomen agentis vom Praesensstamme der germ. Wurzel *war* „aufmerken" (gr. *ὁράω*), wozu das Masc. noch im ostgot. *Scipwar* begegnen wird, auch in dem Goten *Tharuar* al. *Thuruar* bei Jord. 85, 18 vorliegt.[5] Er ist identisch mit dem Adj. got.

---

[1] Zs. XI, 284.
[2] Zs. XIII, 576. Vgl. Wand. 64.
[3] Arch. f. hess. Gesch. XV, 4.
[4] Dahn, Könige IV, 184.
[5] Dazu Müllenhoff im Index.

wars[1] an. *varr* ags. *wær* as. *war* ahd. *gi-war* und zu trennen von dem *ja*-Stamm, der in dem bekannten *-varii* der Völkernamen vorliegt, obwohl die Namen auf *-war* häufig die incorrecte Latinisierung *-warius* zeigen.[2]

CUNIGAST.

Der bei Boeth. erscheinende *Conigastus* ist vermutlich jener Vir illustris, der bei Cass. Var. *Cunigastus* heisst: wulf. **Kônigasts,* ostgot. *Cọnigast.*

Erster Teil got. **kôns* an. *kønn* ags. *cêne* ahd. *chuoni.* Bei Boeth. noch das alte *o,* bei Cass. das jüngere ostgot. *u;* wenn andrerseits germ. *û* bei den Lateinern constant als *u* ohne solches Schwanken in *o* geschrieben wird,[3] so folgt daraus, dass dieses jüngere ostgot. *u* < wulf. *ô* doch nicht völlig mit dem alten wulf. *û* zusammengefallen war.

Für den zweiten Teil weist die lat. Flexion an beiden Quellenstellen nicht direct auf got. *gasts*, sondern wiederum auf eine secundäre, speciell onomatologische *a*-Bildung.

ODWIN.

Der Comes, welcher einen Anschlag auf Theoderics Leben mit seinem Haupte bezahlen musste,[4] heisst beim Anon. Val. *Odoin,* bei Mar. Avent. *Odoind.* Mit der älteren Quelle lese ich *Odoin,* d. i. *Oduin,* — statt des germ. *w* reflectierenden *u* wird öfter *o* geschrieben — ostgot. *Odwin.* Das auslautende *d* bei Mar. wird spätere romanische Zutat sein, die sich nach germ. *n* öfter einfindet.[5] *Odwin* (ags. *Eadwine* Wids. 74. 98) = wulf. **Audawins* mit ostgot.

---

[1] So, nicht mit Braune, Got. Gr.³ § 124, 1, **war* setze ich an; vgl. unter „Declination".

[2] Müllenhoff, Zs. XVI, 153 ff.

[3] Vgl. oben S. 8 f. und unten u. „Vocalismus".

[4] Dahn, Könige III, 90.

[5] Vgl. noch frz. *allemand*, *normand*, *Bertrand:* Diez, Gramm. I³, 311.

Monophthongierung, Einbusse des Compositionsvocals vor *w* und Aufgabe des Nomin.-*s*.

Das erste Namenglied, als solches überaus häufig, liegt in got. *auda-hafts* „beseligt," *audags* „selig" vor und entspricht dem an. *auþr* ags. *eád* as. *ôd* ahd. *ôt* „Besitz, Gut, Reichtum"; vgl. noch *Oderic,* auch den alten Greoting *Odotheus* bei Claud., *Οἰδοθέος* bei Zosim.[1] (wulf. **Audaþius*) und bei Jord. den alten Amalen *Odwulf* (hingegen bei ihm die Frankin *Audefleda*).[2]

Der zweite Teil, got. **wins* an. *vinr* ags. *wine* as. *wine* ahd. *wini* „Freund", wird noch in ostgot. *Nandwin, Oswin, Gudwin, Tulwin* begegnen[3] und zeigt überall in der Compositionsfuge intactes *w*[4].

ATHALARIC.

Enkel und Tronerbe Theoderics war Athalaric, der Sohn des Eutharic und der Amalaswintha, 526—534 König der Ostgoten, jedoch noch unter Vormundschaft seiner Mutter und Cassiodors.

Die Überlieferung giebt ganz gleichmässiges *Athalaricus* (Cass., Lib. pontif., An. Val., Jord. u. s. w.), auch die inschriftliche[5]; und diese Schreibung wird durch pietätsvolle Anlehnung an den alten Amalen, welcher bei Jord. 77, 1 *Athal,* bei Cass. Var. XI, 1 *Athala* heisst,[6] und dann wie *Theodericus* durch amtliche Tradition so constant geworden sein. Erster Teil got. **aþal* an. *aþal* ags. *æþelu* (pl.) as. *aðali* ahd. *adal,*[7] ein weiterer Beleg für das Suffix *al* im Got.[8]

[1] Dahn, Könige II, 96.

[2] Sicher falsch sind die westgot. Etymologien bei Bezzenberger: *Adamir* = *audamêrs, Adeliubus* = *audaliubs*, zumal er selbst jüngere westgot. *Audebertus, Audemundus* beibringt. Ebenso bei Dietrich 35. 61.

[3] Hierher auch der *Batwins* des got. Kal.

[4] Müllenhoff, Denkmäler[2] 365.

[5] Vgl. seine Münzen bei Friedländer 30 ff. und z. B. Spreti Rav. 2, 2 p. 243; CIL V, 6418.

[6] Müllenhoff in Mommsens Jord. 143, 8.

[7] Kluge, EW[4] unter „Adel"; Müllenhoff, Zur Runenlehre 56.

[8] Wand. 39.

SIGIWULTH.

Papst Bonifacius II. (530—532) war der Sohn eines Goten,[1] für dessen Namen die Hss. des Lib. pontif. *Sigibuldus, Gisiboldus, Sigivuldus* geben. Man braucht nach dem ostgot. *Sigismer* bei Cass. seinen ersten Namensteil nicht in *Sigis-* zu bessern, obwohl *Sigisvuldus* ein auch sonst in dieser Form bekannter got. Name ist.[2] Denn schon die *Σεγίμηρος, Segimerus, Segimundus* bei Strabon und Tacitus bezeugen einen Stamm ohne *s*-Ableitung, und in germ. Eigennamen gehen von jeher *Sigi-* und *Sigis-* neben einander her, wie *Thora-* und *Thoris-* oben S. 77.[3] Ob von den beiden Bildungen got. *sigis* an. *sigr* ags. *sigor* und got. *sigus*[4] ahd. *sigu sigi* as. *sigi* ags. *sige* die *es*-Ableitung ursprünglicher ist als die starke Stammform,[5] oder ob letztere von Anfang an neben jener vorhanden war, ist unentschieden; doch sprechen die uralten Zeugnisse bei Strabon und Tacitus eher für letztere Annahme.[6] Und so ist *Sigiwulth* zu got. *sigus* zu stellen wie *Wisibadu* zu got. **wisu, Felithanc* zu got. *filu.*

Der zweite Teil *-vuldus* — die singuläre Variante *-buldus* wird auf griech. Einfluss beruhen, der für diese pontificalen Quellen auch sonst constatierbar scheint[7] — ist nicht identisch mit dem got. *wulþus* „Herrlichkeit"[8] (dazu *wulþags* „herrlich, geehrt"), sondern latinisiert aus einem wiederum mit dem Suffix *a* gebildeten adjectivischen wulf. **wulþs,* wie es durch den Namen *Vulth* repräsentiert wird. In *Sigivuldus* tönende Spirans *d* im Inlaut, im ostgot. Auslaut vermutlich noch tonlose, wozu die Schreibung *Vult* zu vgl. ist.[9]

---

[1] Dahn, Könige III, 243, 2.

[2] Vgl. z. B. Bachlechner, Zs. VIII, 203.

[3] Vgl. z. B. für das Burgundische Wackernagel, Kl. Schr. III, 374.

[4] So gewiss mit Bethge bei Braune, Got. Gr.[3] § 106, 1.

[5] Kremer, Beitr. VIII, 388; v. Borries, Das erste Stadium des *i*-Umlauts im Germ. (Strassb. 1887), S. 21.

[6] Brugmann, Vgl. Gr. II, I, 395, 2.

[7] Vgl. schon oben S. 69 zu *Bedewulf*, ferner gelegentliches *Gotthi, Uni-* neben *Winigildus.*

[8] So Bachlechner a. a. O.

[9] Aber bei Jord. der alte Amale noch *Vult(h)uulf.*

DUMILDA.

Dieser Name auf einer Inschrift vom Jahre 531 bei Rossi I, 1027.

Der erste Teil, noch im *Dumerit* des Cass., ist got. *dôms* „Urteil, Erkenntnis" an. *dómr* ags. as. *dôm* ahd. *tuom*, mit ostgot. *u* für wulf. *ô*. Der Compositionsvocal ist bei der grossen Schwäche des got. *h* geschwunden wie bei folgendem vocalischen Anlaut.

Das zweite Namenglied zeigt sich mit gleicher Flexionsweise noch in einer *Ranilda* bei Cass., *Ranihilda* bei Marini, auch in einer (freilich undatierten) *Guntelda* auf einer Inschrift von Comum.[1] Dagegen steht *„Tanilldi vivat"* auf einer der Wahrscheinlichkeit nach aus Italien stammenden Bronzefibel[2] und in der Urkunde Nr. 79 bei Marini vom Jahre 557 *Gundihildi* 13. 14. 56, *Gundiildi* 90, und zwar letztere Form für verschiedene Casus, d. h. unflectiert.[3] Wenn es nun schon feststand, dass die meisten germ. Frauennamen auf *-hild- -lind- -gunþ-* u. s. w. *jô*-Stämme sind,[4] nicht *i*-Stämme,[5] so bringen hierfür obige *Tanilldi* und *Gundihildi* auch gesicherte got. Belege: got. *hildi* wie an. *hildr* und ahd. *hiltja* (Hildebrandsl.). Demgemäss sind *Dumilda* und die andern *-ilda* nur Latinisierungen solcher ostgot. *-ildi*.

---

[1] CIL V, 5415.

[2] Erworben durch den verstorbenen Alex. Castellani, versteigert im Mai 1886 zu Paris (vgl. Bulletin épigraphique IV (1886) p. 150, Mitteilung nach dem Catalog); die Wiedergabe kann als „exactement transcrit" angesehen werden (Mowat, Mémoires de la Société nationale des Antiquaires de France t. XLIX, Paris 1889, S. 7 des SA: Note sur des bijoux antiques ornés de devises à propos d'une fibule de l'époque ostrogothe). — Der erste Teil des inschriftlichen Namens bleibt etymologisch dunkel; vgl. Förstemann, Namenbuch I, 331 f. 1141, wenn nicht etwa *Tancilldi*, d. i. ostgot. *Thanc-hildi*, zu conjicieren wäre.

[3] Danach ist auch ohne Bedenken *Gundihild* 1. 16 und *Gundihil* 17. 22. 25. 27 zu bessern.

[4] Braune, Ahd. Gr. § 210, 5; Noreen, An. Gr. I, § 298.

[5] Grimm, Gr. I (1870), 690.

GODA.

Γότθος τὸ γένος wird von Proc. der wandalische Statthalter auf Sardinien genannt,[1] welcher im Jahre 533 die Insel zum Abfall von den Wandalen brachte. Bei Proc. heisst er *Γώδας*, bei Theoph. *Γόγδας*, an beiden Stellen mit gräcisierter Endung. Die gr. Überlieferung giebt keinerlei Gewähr, ob ostgot. *Guda, Gộda* (zu got. *gôds*) oder *Gôda* (Monophthongierung aus *Gauda,* vgl. die westgot. Bischöfe *Gaudila* von 688 und *Gaudula* von 653[2]) zu Grunde liegt.

WILJARITH.

Der Commandant von Neapel i. J. 534 heisst bei Proc. *Οὐλίαρις*. Auch sonst erscheint der Name bei Proc.[3], in der Regel correcter *Οὐιλίαρις* (Gen. *-ριδος*) geschrieben, so für jenen Sieger von Mucella, den Marcell. *Viliarid* nennt; bei Cass. Var. *Wiliarit* und ebenso in der Neapeler Urkunde jener *Uuiliarit,* der sich in seiner got. Unterschrift *Wiljariþ* schreibt; eine Inschrift bei Rossi I, 1028 aus dem Jahre 532 nennt gleichfalls einen *Wiliarit* und eine Capuaner Inschrift des folgenden Jahres (CIL X, 4497) einen *Guiliarit.*[4]

Das erste Compositionsglied, got. *wilja* (auch in *wiljahalþei*) an. *vile* ags. *willa* as. *willio* ahd. *willo,* zeigt noch intacten Fugenvocal, welcher, im Gegensatz zu sonstiger Abschwächung im Ostgot., hier durch den Gleichlaut des Simplex geschützt wurde, wie andererseits die starken *ja*-Stämme, die ostgot. auf *-i* auslauten, ihren Stammesauslaut in der Composition durch Einfluss ihrer appellativen Form schneller abschwächen und palatalisieren.[5] Doch zeigen

---

[1] Wand. 85.

[2] Dietrich 37. 40.

[3] Dahn, Könige IV, 174.

[4] Den Romanisten wird dieses frühe *gu* für germ. *w* interessieren: die Belege hierfür bei Diez, Gr. I[3], 324 gehen nicht über das 8. Jahrh. hinaus.

[5] Vgl. zu *Harigern* oben S. 68.

weitere Zeugnisse, wie der gleiche Reductionsprocess auch bei den *jan*-Stämmen wirkt. Ungeschwächt wie in obigen Namen ist die Compositionsfuge noch in dem inschriftlichen *Wiljaric* von 589.[1] Aber die nächste Stufe *Wilje-* liegt schon vor in dem *Willjenant* der Neapeler Urkunde. Und wenn auf dieses *Wilje-* die ostgotische Neigung wirkt den Fugenvocal in der *i*-Färbung zu geben, so wird aus *Wilji-* leicht *Wili-*[2], und dieses liegt in den ostgot. Namen *Οὐλιγίσαλος* (Proc.), *Οὐλίθεος* (Proc.), *Wiligis* (Cass.), *Wilitancus* (Cass.), *Wilifara* (Rossi I, 1093) vor, vielleicht auch in *Wiliarius* (Cass.), wenn hier nicht Syncope aus *Wilja-harius* älter ist. — Im übrigen beachte man die ganz gleichmässige Schreibung *Wil-*, die nie in *Wel-* schwankt des folgenden *j* wegen.

Das zweite Compositionsglied kann als ostgot. *-rith* entweder auf wulf. **reiþs* oder wulf. **rêþs* (mit ostgot. Färbung) weisen.[3] Ersteres, mit dem *a*-Suffix aus got. **reidan* an. *ríþa* u. s. w. gebildet und namentlich in zahlreichen an. Namen auf *-ríþr* von Bugge nachgewiesen[4], ist jetzt ausführlicher von Henning behandelt.[5] Die Bedeutung des vorliegenden Namens und die got. Schreibung *Wiljariþ* (nicht *-reiþ*) spricht für got. **rêþs*, mit demselben *a*-Suffix zu got. *rêdan* an. *ráþa* u. s. w.[6] In Bezug auf das consonantische Auslautsgesetz seien die ostgot. Namen auf *-rith* hier zusammengestellt: ausser obigen *Viliarid* und *Wiljarit(h)* noch *Sinderith* (Jord., der auch ebenso correct den Vater des Geberich *Hilderith* nennt), *Frumarith* (Cass.), *Liuvirit* (Cass.), *Dumerit* (Cass.), *Witterit* (Mar. Nr. 114), *Optarit* (Neap. Urk.), *Guderit* (Neap. Urk.; Mar. Nr. 80; CIL V, 1588), *Aderit* (Mar. Nr. 86), *Landarit, Leudarit* (Mar. Nr. 79), *Gundirit* (Mar. Nr. 79. 80. 88), *Nanderit*, *Otratarit*

[1] Rossi I, 1126.
[2] Vgl. oben S. 68.
[3] Zimmer, QF XIII, 43. 45.
[4] KZ III, 26 ff.
[5] Runendenkmäler 4 f.
[6] Wand. 68 f. 55. Zur Bedeutung Bezzenberger in seinen Beitr. IV, 327.

(Mar. Nr. 75), *Giberit* (Mar. Nr. 131). Also in keiner Quelle auch nur eine Erinnerung an das ursprüngliche Nomin.-*s*. Man vermute es deshalb auch nicht in der gr. Transscription -ρις. Wenn Proc. Οὐιλίαρις, Ὄπταρις, Λεύδερις, Proc. und Agath. Ῥάγναρις schreiben, so ist das ς eine blosse Schreibung für das spirantische ϑ = got. *þ*,[1] welche für das im gr. Auslaut ungeläufige ϑ eine gr. Endung schafft (vgl. die entsprechenden Acc. auf -ριν bei Proc.[2]); wer aber dieses -ς für got. -*s* nimmt, müsste erst für den gleichmässigen Schwund des vorhergehenden Dentals eine Erklärung beibringen. — Die constante Überlieferung des *i* scheint darauf hinzuweisen, dass **rêþs* und **reiþs* als Namenelemente ihre Bedeutung längst abgeschwächt hatten und vielleicht kaum noch geschieden wurden. Auf ähnliche Reducierung der Function häufigerer Namenglieder wird man auch durch sonstige Verwechslungen geführt, und für -*rith* wird noch mechanischer Tausch mit -*ric* und -*hari* begegnen u. ä.[3]

THEODAHATH.

Nach Athalarics Tode 534 nahm Amalaswintha ihren Vetter Theodahath, den Sohn der Amalafrida, zum Mitregenten an.

Auf seinen Münzen[4] heisst er *Theodahathus -hatus -hadus*, — ein treffender Beweis für den im Werden begriffenen Übergang der tonlosen dentalen Spirans zur tönenden, der in dem *Theodahadus* bei Marcell., Cass.[5], Jord. vollendet scheint.

Den ersten Teil schreiben alle lat. Quellen *Theod*-, alle gr. Θευδ-.

Das zweite Glied zu got. **haþus* an. *Hǫþr* ags. *heaþo*- ahd. *hadu*- mhd. *hader*[6], welches in den späteren germ.

[1] Gr. ϑ damals schon Spirans, nicht mehr Aspirata: Blass 82.

[2] Wand. 69; Wackernagel, Kl. Schr. III, 394 f.

[3] Wand. 55.

[4] Friedländer 36 ff.

[5] Ob der Vir senator *Theodahadus* Var. III, 15 der spätere König, bleibt dahingestellt; Dahn, Könige III, 94, 5.

[6] Fick, Vgl. Wörterb. III³, 60 f.; Kluge, EW⁴ unter „Hader". Gallisch *catu*-.

Epochen als Appellativum verloren ging und sich nur in Eigennamen hielt grade wie das alte **hildi*, vermutlich weil beide Appellativa zugleich Götternamen waren [1] und deshalb aus religiöser Scheu, später aus Aberglauben in der gewöhnlichen Rede durch Synonyma ersetzt wurden. Spätere, besonders ahd. Namen weisen darauf hin, dass nicht got. **haþus* selbst, sondern wieder eine secundäre *a*-Bildung im obigen Namen vorliegt, wulf. **haþs,* ostgot. **hath* (mit noch tonlosem *th* im Auslaut wie oben in *rith*), obwohl der Abfall des Nom.-*s* hier nicht belegt, sondern immer lat. oder gr. *o*-Flexion angetreten ist.

Die schon bei *Dumilda* beobachtete Syncope des Stammesauslauts vom ersten Gliede mit dem Anlaut des zweiten muss auch bei *Theodahath* entweder schon vorhanden gewesen sein oder jedenfalls in gewöhnlicher Rede sehr nahe gelegen haben. Einmal zeigt dies das *Θευδατος* der gr. Quellen (Proc., Agath., Euagr.) und dann die spätere Neigung der gelehrten Autoren den Namen als *Theo-datus* zu etymologisieren [2]; *Theodatus* (in Varianten mit gelegentlicher Graecisierung *Theodotus*) schreiben Marcell. (viermal neben drei *Theodahadus*), Anon. Cusp., die gelehrten Schreiber des Lib. pontif., die Epitome Justin., Liberatus, Fredeg., Paul. u. s. w., auch einzelne Hss. des Cass. und Jord. Daneben zeigt der *Theodadus* des Greg. Tur. die organische Syncope ohne solche lat. Deutung. Der späte *Theudanus* des Chron. Moiss. braucht nicht auf Schreibfehler zu beruhen, vgl. unter „Anna".

THEODENANTHA.

Eine Tochter des Theodahath war die Gemahlin des Überläufers Ebremuth (s. u.): *Θευδενάνθα* Proc.

Der zweite Teil, wulf. *-nanþa*, mit starker Endung und noch unveränderter Spirans, (vgl. *Amalaswintha*) zu **nanþs*

[1] *Hǫþr* heisst Balders Bruder; *Hǫþ* und *Hildr* sind Walkürennamen, beides nicht Koseformen, sondern mythologische Personificationen: der Kampf, Krieg κατ' ἐξοχήν.

[2] Agnellus schreibt sogar *Deodatus*; vgl. Förstemann, Namenbuch I, 1179. Ein *Adeodatus* z. B. Cass. Var. III, 46; ähnlich *Deusdedit* XII, 21.

(ostgot. in *Gudinanth*, *Wiljenanth*, *Nandwin*, *Nanderit*), vgl. got. *nanþjan* an. *nenna* ags. *nêþan* as. *nâđian* ahd. *nenden* „wagen" (ahd. *nand* „Verwegenheit"). Vgl. noch *Nanna*, den Namen von Balders Gattin.[1]

THEODEGÍSL.

Einen Sohn des Theodahath hält Witigis in Gewahrsam: *Θευδέγισκλος* Proc.

Für *-giscl* verweise ich auf Wand. 52, wo es als romanisierte Schreibung für germ. *-gisl-* gefasst ist. Wenn ich aber dort das zu Grunde liegende *-gis-*, von welchem *-gisl-* eine *l*-Ableitung wie got. *þwahl* von *þwahan*, *fairweitl* von Wz. *wit*[2], als schwache Ablautsform zu dem starken **gaiza-* an. *geirr* ags. *gâr* as. ahd. *gêr* erklärte, so wird das zu modificieren sein.[3] Denn in **gaiza-* ist der Diphthong uralt und ablautsfrei, wie ai. *hḗšas* „Geschoss", gr. *χαῖος* „Hirtenstab", air. *gai* „Speer" zeigt sowie das Nebeneinander von ursprünglich oxytoniertem **gaiza-* und paroxytoniertem **gais-* an. *geisl* ahd. *geisala*. Beide aber sind unverwandt mit got. *us-gaisjan*, *-geisnan* „erschrecken",[4] an welches ich das onomatologisch so häufige *-gîs-* anknüpfen möchte, also als ein Synonymon zu dem ebenfalls in Namen geläufigen *agis* „Furcht". Wie got. **ôgan* „sich fürchten" *ôgjan* „in Furcht setzen" auf ein starkes Verbum **agan* zurückgehen (*un-agands*) und der Stamm des letzteren in der *l*-Ableitung *agls* „unschicklich, schimpflich"[5] erhalten ist, so entspricht dem got. *gais-jan* und *geis-nan* ein präsentischer Stamm **geis-* und mit derselben *l*-Ableitung das vorliegende *-gîsl*.[6]

[1] Zimmer, QF XIII, 279.

[2] Grimm, Gr. II (1878), 95.

[3] Ebenso Hildebrand im DWB u. „Geisel"; doch vgl. man daselbst die reiche Namensammlung, auch das Nebeneinander der Appellativa an *gísl* ags. *gîsel* ahd. *gîsal* und mnd. nrh. *gîs gîse* „obses, vades".

[4] Feist, Grundriss der gotischen Etymologie (Strassburg 1888), S. 41; Webster, Zur Gutturalfrage im Gotischen (Boston 1889), S. 22.

[5] Vgl. oben S. 77, 9.

[6] Präsentisches *gîs*, nicht präteritales *gis*, entsprechend *fairweitl* zur Wz. *wit*; vgl. *Witegîsen : wîsen* Rabenschl. 732, 5 (Singer, Anz. XIV, 34). — Über das *l*-Suffix vgl. Sütterlin, Nomina agentis 29 ff., besonders 35 ff. die zahlreichen Nom. agentis adjectiva.

GRIPPA.

Ein Anführer gotischer Einfälle nach Dalmatien i. J. 535 heisst bei Proc. *Γρίππας*. Der Name, mit hypocoristischer Consonantendehnung und graecisierter Endung, = ostgot. *Grîpa*, ist primäre Koseform zu einem Vollnamen, dessen eines Glied zu got. *greipan* an. *grípa* u. s. w. gehörte[1]; vgl. an. *-grípr* in den an. Compositis *vingrípr*, *víþgrípr*.[2]

ASINARIUS.

Ein weiterer got. Befehlshaber neben Grippa in Dalmatien heisst 535 und 537 bei Proc. *Ἀσινάριος*. Da das Got. des Wulfila im 4. Jahrh. schon *asilus* hat mit vollendetem Übergang des ursprünglichen *n* in *l* (got. *asilus* ags. *esol eosol* as. ahd. *esil* gemeingerm. Lehnwort aus lat. *asinus*), so verbietet es sich, *Asinarius* etwa als **Asilu-harjis* (n unter l) zu fassen, vielmehr bleibt es lat. Bildung.[3] Oder aber es ist in *Asniarius* umzustellen: ostgot. *Asni-hari* wäre „Führer der Söldlinge“, zu got. *asneis* und *harjis*.

SINDERITH.

Belisar begann den gotischen Feldzug 535 auf Sicilien, wo sich ihm alsbald der got. Commandant von Syracus ergab: *Sinderith* bei Jord.

Das erste Namenglied, auch in der inschriftlichen *Sendefara*, im *Sindila Sinthila* der Neapeler Urk. (wieder mit dem Schwanken zwischen *d* und *þ*) und im *Sindula* der Ep. pontif., zu got. *sinþs* an. *sinn* ags. *síþ* as. *sîđ* ahd. *sind* „Reise, Heereszug“ (dazu got. *gasinþa* ahd. *gisind* as. *gisîđ*). Unrecht hat Kremer,[4] wenn er wulf. **Swinþoreþs, Swinþila* herstellt, da die sichere Überlieferung z. B. der *Amalaswintha*

---

[1] Förstemann, Namenbuch I, 551.
[2] Zimmer, QF XIII, 45.
[3] Dahn, Könige IV, 174.
[4] Beitr. VIII, 437. 450.

die ostgot. Erhaltung des *w* beweist. Andrerseits bezeugt der Name auch die Bewahrung des alten *n* vor Dental;[1] und wenn ein Amale und Verbündeter Theoderics aus der voritalienischen Zeit von 475[2] bei Malch. 248, 5. 17 u. ö. Σιδιμοῦνδος heisst, so hat der erste Teil seines Namens mit obigem *Sind-* nichts zu tun, sondern beruht auf got. *sidus* an. *siþr* ags. as. *sidu* ahd. *situ*; bei Förstemann[3] sind freilich beide Stämme durch einander geworfen.

TZITTA.

Ein Patricius in Mysien tritt zum Jahre 535 bei Marcell. auf, mit Namen *Tzitta.* Die wunderliche Gestalt des letzteren (ebenso *Τζίττας* bei Malal.) ist dennoch nicht anzutasten, denn auch eine Inschrift vom Jahre 568 (CIL V, 7793) giebt den Gen. *Tzittani* (man beachte den Reflex des *n-* Stammes), und in der Urkunde Nr. 122 bei Marini vom Jahre 591 steht dreimal die Form *Tzita,* einmal *Tzitta,* einmal *Tazitta,* einmal *Zita,* einmal *Κιτα.*[4]

Für das *tz* oder *z* verweise ich auf das S. 72 f. unter „Pitzia" Gesagte und füge hinzu, dass assibiliertes *ts*(*i*) *tz*(*i*) *zz*(*i*) *z*(*i*) *si* sich auch im Anlaut findet, dass lat. *dies* als *zes* erscheint u. s. w.[5] Im übrigen weiss ich keine andere Deutung als den Namen zu *Mammo, Wamba* u. ä. zu stellen und ihn als einen auf eine körperliche Eigentümlichkeit hinzeigenden Zu- oder Necknamen zu fassen: got. **titta* ist die Entsprechung zu ags. *tit* nd. *titte* mhd. *zitze* und wird der romanischen Entlehnung ital. *tetta zizza* frz. *tette* span. *teta*[6] zu Grunde liegen.[7]

---

[1] Wand. 108.

[2] Dahn, Könige II, 72.

[3] Namenbuch I, 1103 ff.

[4] Dahn, Könige IV, 186.

[5] Seelmann 322 f.

[6] Kluge, EW[4] unter „Zitze".

[7] Eine ganz vage Hypothese könnte nach der einen griech. Umschrift in der citierten Urkunde einen ursprünglichen Guttural ansetzen und die übrigen *tz* und *z* als das Resultat des romanischen Palatalisierungsprocesses betrachten, welchen letzthin Henning (Runendenkm.

EBREMUTH.

Der Schwiegersohn des Theodahath ging vor Regium 536 mit seinen Goten zu Belisar über, um dann in Byzanz mit Ehren als Patricius aufgenommen zu werden. *Ebremud* nennt ihn Marcell., *Evermud* Jord., *'Εβριμούϑ* Proc.

Für den ersten Teil, das an. *jǫfurr* („Eber" und übertragen „Fürst") ags. *eofor* ahd. *ebur*, weisen Marcell. und Proc. auf ein got. **ibrus*. Will man danach das *Ever-* des Jord. nicht in *Evre-* umstellen, so kann sein *Evermud* auf einen got. Mittelvocal deuten, der bei ihm zu *e* reduciert, bei Marcell. und Proc. ganz unterdrückt wäre: entweder wulf. **ibarus* (vgl. unten ostgot. *wisand* gegenüber an. *visundr* ahd. *wisunt*) oder **iburus* (vgl. got. *miluks* gegenüber an. *mjólk* < **meluk* ags. *meoloc* as. *miluk* ahd. *miluh*). Man beachte das *v* bei Jord. für intervocalisches *b* und das constante *e* für wulf. *i*.

Das zweite Glied, *mud* bei den Lateinern, *μουϑ* bei dem Griechen, mit ostgot. *u* für wulf. *ô* (doch bei Jord. in Var. *o*) und ohne Nomin.-*s*, ist ein zum wulf. *môþs* ags. as. *môd* ahd. *muot*[1] gehöriges secundäres Adj. **môþs* (ahd. *-môt -moti*,[2] as. *-môd* in *gêlmôd* „übermütig"[3]); sonst vgl. Wand. 67.[4] In der Urkunde von Arezzo der ostgot. *Alamud* gegenüber dem wulf. Dativ *Alamôda*. Eine dem *a*-Stamm entsprechende Flexio latina auf *-us* fand ich bei Jord. 123, 6. 134, 21 für *Thorismuth*, 134, 21 für dessen Sohn *Berimuth*.[5]

---

61 ff.) in ähnlichem Zusammenhang behandelt hat. Im Inlaut zwischen Vocalen hat man denselben bis ins 6. Jahrh. hinein zurückverfolgt. So problematisch dieser Deutungsversuch bleiben würde, so gestattet er doch einen Verweis auf Förstemann, Namenbuch I, 816 oder 1370.

[1] Zimmer, QF XIII, 233.

[2] Graff II, 684 ff.

[3] v. Grienberger, Germ. XXXIV, 407.

[4] Bei der dort aufgestellten Parallele *Προ-μάϑ-ευς* verbleibe ich trotz Ehrismann, Literaturbl. 1887, Sp. 468; diese dor. Form ist z. B. Pind. Ol. 7, 81 belegt.

[5] Ein obigem *Ebremuth* analoges Compositum mit got. **baira* an. *bjǫrn* ags. *bera* ahd. *bero*. Über den *Berig* der got. Ursage bei Jord. s. Müllenhoff im Index 147.

WITIGIS.

Theodahaths Nachfolger wurde Witigis, sein früherer Waffenträger und nicht aus edlem Geschlechte, 536 bis 540.

Er heisst auf seinen Münzen [1] (auf welchen das regelmässige anlautende *w* zu beachten) *Witiges Witigis Wittiges*, bei Marcell. *Vitiges*, bei Cass., Lib. pontif. *Witigis*, beim Anon. Cusp. *Guitigis*, bei Jord. (abgesehen von den Var.) sechsmal *Vitiges* und siebenmal *Vitigis*, bei Proc. *Οὐίτιγις*, bei Agath., Euagr., Menand. *Οὐίττιγις*, bei Mar. Avent. *Wittegis*, bei Paul. hist. rom. *Witigis*, hist. Langob. *Witichis*, in den Gesta episc. Neap. *Guitigis* und *Vitigen* (Acc.).

Danach steht zunächst *Witi-* fest. Gelegentliches *tt* ist hypocoristisch. Die ganz constante Überlieferung des ersten *i* verbietet, an got. *waíhts* an. *vêttr* ags. as. ahd. *wiht* zu denken,[2] weist vielmehr auf germ. *i* oder besser *î*, mag man nun got. **weita-* ansetzen, entsprechend *fraweit idweit*, oder **weitja-*, entsprechend an. *vîti* ags. *wîte* as. *wîti* ahd. *wîzi* „Strafe".[3] Ferner warnt das feststehende *t*, Namen wie den des Amalen *Widimer* hierher zu stellen, und lehnt als grammatisch unmöglich die Hypothese ab, welche den *Witege* der Heldensage mit unserm *Witigis* in Verbindung bringt, mag sie diesen ganz für *Widigoja* einsetzen oder neben ihm gelten lassen.[4]

Der zweite Teil lautet nach der Majorität der Quellen *-gis*, d. i. *-gîs*, worüber oben S. 91. Daher[5] kann das häufige *-ges* nicht auf einfacher graphischer Verwechslung beruhen, sondern wird wiederum eine Vertauschung von zwei namenschliessenden Compositionselementen bezeugen:

---

[1] Friedländer 40 ff.

[2] Academy 1887, 206. Eutharics Vater, der Sohn des Berimuth, ein spanischer Amale, heisst bei Jord. an fünf Stellen *Vetericus*, einmal *Vitirichus*; hier mag daher *wet-* = wulf. *waíhts* sein; dazu Stark, Kosenamen 18; Müllenhoff, Beovulf 61 f.

[3] Schlüter, Die mit dem Suffixe *ja* gebildeten deutschen Nomina (Göttingen 1874), S. 29.

[4] So noch Symons in Pauls Grundriss II, I, 46. Vgl. oben S. 69, 1.

[5] Vgl. oben S. 8 und u. „Vocalismus". Auch findet sich nie *-ges(c)l-* für *-gis(c)l-*.

wir kennen got. **gaiza-* an zweiter Stelle aus *Hariogaisus* u. ä. und werden in *Gesila* seine ostgot. Monophthongierung constatieren; somit geht *Witiges* auf wulf. **Weitigais* zurück, und ostgot. *-gîs* und *-gês* sind vertauscht worden. Zu vereinzeltem *-cis* und *-chis* oben S. 65. Der Name erscheint meist unflectiert; selten ist sein *-is* als lat. oder gr. Nomin.-Endung angesehen, der correctere lat. Gen. *-chisi* nur in zwei Hss. bei Paul.

MATESWINTHA.

Mateswintha, die Schwester Athalarics, wurde von Witigis 536 zur Ehe gezwungen, heiratete nach dessen Tode Justinians Neffen Germanus, der 550 Oberbefehlshaber gegen die Goten wurde, und wurde die Mutter des jüngeren Germanus, welcher nach dem Tode seines Vaters 552 als der Erbe des Ostgotenreiches galt.

Sie wird von Marcell. *Matesuentha* (al. *-svinta*), von Jord. *Mathesuentha*, von Proc. *Ματασοῦνθα* genannt. Für den ersten Teil des Namens darf weder an got. *mats* noch *mahts* gedacht werden, weil beides *i*-Stämme sind, die schon bei Wulf. in der Composition *mati- mahti-* erfordern würden. Anknüpfung an got. *maþa* hindert dessen Bedeutung, da *maþa* nur den „sich krümmenden Wurm", besonders den „Regenwurm" bedeutet, nicht etwa mit an. *linnr* ahd. *lind* synonym ist. Kremer[1] will **maþa* zu Grunde legen, die got. Entsprechung zu dem ahd. *mada* einer Tegernseer Glosse,[2] das andana (?), palidonia, eine Art Lied bedeuten soll, den suffixlosen Stamm zu got. *maþ-l* an. *má-l* ags. *meþ-el* as. ahd. *mahal*: dann würde der Name zu jener Gruppe gehören, welche Förstemann[3] unter *math* zusammenbringt.[4] Ich stelle dieser Vermutung

[1] Beitr. VIII, 426, mit Deecke, Verwandtschaftsnamen 168.

[2] Graff II, 658.

[3] Namenbuch I, 917 ff.

[4] Die kleine Sammlung von Germanennamen mit *Mad-* bei Henning, Runendenkm. 114, ist fern zu halten, da hier das *d* germ. ist, wenn Hennings Anknüpfung an ags. *meadu* as. *mada* mhd. *mate* (Müllenhoff, Zs. XXIII, 5 f.) oder an kelt. *math mad* „bonus" (zu letzterem noch Stark, Kosenamen 31. 42) richtig ist.

eine andere gegenüber, ohne mehr als eine solche geben zu wollen. Der biblische Name *Mattathias* steht Luc. 3, 25. 26 zweimal im Gen.: gr. *Ματταθίου*; zu letzterem wurde von Wulfila unrichtig ein Nom. *Ματταθιος*, lat. *Mattathius* angesetzt und danach Luc. 3, 26 ein got. Gen. *Mattaþiaus* mechanisch nach der *u*-Declination gebildet, während ihm Luc. 3, 25 der Ausgang des Namens als got. *þius* vorschwebt und demgemäss *Mattaþiwis* flectiert wird. Hieraus folgt zweierlei: einmal dass got. *þius* in Namenbildungen nicht ungeläufig war, ferner dass ein germ. *Mata-* (*Matta-* hypocoristisch) in Eigennamen bekannt scheint. Dann ist *Mate-*, nicht *Matheswentha* zu schreiben, und der Name stellt sich zu Förstemanns *maz*-Gruppe.[1] Freilich bleibt auch hier seine etymologische Deutung zweifelhaft; vielleicht ist an die Bezeichnung einer Waffe zu denken von der Wurzel *mat* „behauen", vgl. ags. engl. *mattock* „Hacke", got. **matja* ahd. *steinmezzo*; letztere scheinen zwar aus dem Lateinischen entlehnte Culturwörter (vgl. lat. *mateola* ital. *mazzuola*),[2] aber doch aus sehr früher Periode, wie die ahd. Lautverschiebung *mezzo* erweist.

Zum zweiten Gliede oben S. 66. Wenn Friedländer[3] die Monogramme auf den Münzen mit Sicherheit als *Matasunda* auflösen will, so kann trotzdem irgend ein Grundstrich noch ein *i* vertreten sollen, andernfalls würde *Matasunda* sich als Graecisierung zu Proc.'s *Ματασοῦνθα* stellen und sich aus dem byzantinischen Aufenthalt der Fürstin erklären. Im übrigen bemerke man wiederum das jüngere *d* dieser Monogramme.

OPTARITH.

Der Mörder des Theodahath, welcher diesen im Jahre 536 auf Befehl des Witigis, zugleich persönlichem Rachedrang folgend, überfiel und „wie ein Opfertier abschlachtete", heisst bei Proc. *Ὄπταρις*.

---

[1] Namenbuch I, 926 f.
[2] Bugge, Bezz. Beitr. XIV, 57.
[3] Münzen der Ostgoten 42.

Derselbe Name im *Optarit*[1] der Neapeler Urkunde, der in der speciellen got. Unterschrift desselben Mannes ebendort als *Ufitahari*[1] wiedergegeben wird.

Für das Anfangsglied des Namens braucht man an Grimms Deutung[2] nicht zu zweifeln,[3] da auch sonst allgemeine Adverbien zur Namenbildung verwandt werden (vgl. *aírman-*, *filu-* u. a.), mag man nun eine ursprünglich vollere Bedeutung zu Grunde legen oder nicht: got. *ufta* an. *opt* ags. *oft* as. *oft(o)* ahd. *ofto*. Aber auffallend ist das lat. gr. *o*, während sonst das Ostgot. den *a*-Umlaut des *u* kaum zu kennen scheint;[4] vielleicht ist deshalb daran zu erinnern, dass das gegenseitige Verhältnis von got. *ufta* „oft" und *aúftô* „vielleicht" noch nicht aufgeklärt ist; wenn aber für letzteres Matth. 27, 64 *uftô* geschrieben wird, dann ist eine derartige wechselseitige Beeinflussung beider Partikeln in Eigennamen erst recht möglich, wo sie durch die Bedeutungsabschwächung der Namenglieder befördert wurde. Über das geläufige lat. gr. *pt* vgl. Wand. 47 und die dort gegebenen Citate;[5] dass es sich nur um ungermanische Schreibung, nicht um Dialectentwicklung wie im späteren An. handelt,[6] wird eben durch das got. *Ufta-* bewiesen;[7] dazu kommt, dass inlautendes *f* dem Lateiner nur in seltenen Entlehnungen bekannt, sonst aber unlateinisch war.[8]

---

[1] Bernhardt liest *Optrit*, welches aber nach der got. Schreibung und nach Proc. ohne Bedenken in *Optarit* zu bessern. Umgekehrt erklärt die lat. und die gr. Umschrift das *i* im got. *Ufita-* für Schreibfehler (mit Massmann), da für eine phonetische Erklärung — das *i* könnte etwa den Übergang vom bilabialen *f* zum alveolaren *t* markieren — jede Analogie in der got. Schrift fehlt.

[2] Zs. III, 147 ff.

[3] Förstemann, Namenbuch I, 1210.

[4] Vgl. unter „Vocalismus".

[5] Dazu noch Wackernagel, Kl. Schr. III, 341, auch Kluge in Pauls Grundriss I, 315.

[6] Noreen § 185. Die älteste isl. Hs., AM 237 fol., schreibt in den hierher gehörigen Fällen immer noch *ft*.

[7] Vgl. auch unter „Oppa".

[8] Seelmann 300. Dazu noch Paul, Beitr. I, 150.

Wenn die Neap. Urk. dem got. *Uftahari* ein lat. *Optarit* gegenüberstellt, so sind wieder zwei namenschliessende Compositionsglieder vertauscht worden. In diesem Falle beweist die Vertauschung zugleich, dass die Syncope der Compositionsfuge schon vollendet war, denn nur auf der Ähnlichkeit von **Uft-ari* und **Ufta-rith* kann sie beruhen, sodass das got. *Uftahari* sich als historische oder etymologische Schreibung erweist. Sie gewährt aber andrerseits zu wulf. *harjis* an. *herr* ags. *here* as. ahd. *heri* die ostgot. Form *hari*: mit Einbusse des Nom.-*s*! Näheres über dieses weitere Stadium des Auslautsgesetzes, namentlich über die Frage, ob der Schwund des *s* als organischer oder analoger Vorgang (etwa nach dem Acc.) zu fassen, unter „Declination". Die Bedeutung von *harjis* in Eigennamen ist die auch beim ahd. Appellativum bekannte von „miles, dux, hostis";[1] aber die Abschwächung derselben in den Namen ist, wie obige Vertauschung zeigt, gross und mitunter wird nicht gesagt werden können, wie weit es als blosses onomatologisches Suffix empfunden wurde, das mit dem Suffix *-ario-* (got. *-areis* an. *-ere -are* ags. afr. *-ere* as. *-eri* ahd. *-âri -ari -eri* mhd. *-aere*[2]) zusammenfiel. Sonst in der Interpretatio romana et graeca, dem *a*-Stamm entsprechend, *-arius -αριος*.

LEUDERITH.

536 werden in Rom 4000 Goten befehligt von *Λεύδερις* (Proc.) = ostgot. *Leuderith*.

Zum ersten Teil, auch im *Leodifridus* des Cass., vgl. ags. *leóde* ahd. *liuti*,[3] das in Namen wie *þiuda* nur verstärkende oder verallgemeinernde Bedeutung haben wird, wenn man nicht an ags. *leód* „Fürst" denken will.[4]

---

1 Müllenhoff, Zs. IX, 247.
2 Sütterlin, Nomina agentis 77 ff.
3 Wackernagel, Kl. Schr. III, 404.
4 Zimmer, QF XIII, 35.

MARCJA.

Zuerst als Heerführer in Gallien, dann als Commandant eines der sieben Lager vor Rom erscheint 536 und 537 bei Proc. *Μαρκίας*; wieder mit griech. Endung für got. *Markja*; als characteristischer Beiname entweder secundäre *jan*-Ableitung zu got. *marka* „Mark, Grenze, Gebiet" an. *mǫrk* ags. *mearc* as. *marca* ahd. *marcha* oder einfacher Nomen agentis zu **markjan* an. *merkja* ahd. *merken* „bezeichnen, wahrnehmen, verstehen" (vgl. das mhd. Adj. *merke* „aufmerksam");[1] Anknüpfung an got. **marh* an. *marr* ags. *mearh* ahd. *marah* verbietet die Schwäche des got. *h*, Proc. hätte dann *Μαρίας* geschrieben.

HUNILA.

Der Feldherr des Witigis, welcher i. J. 537 zusammen mit Pitzia vor Perusia von einem römischen Heere geschlagen und gefangen wurde, heisst bei Jord. *Hunnila Hunila*, bei Proc. *Οὐνίλας*: ein secundärer Hypocorismus, zu dessen Stammwort oben S. 82.

WILIGISL.

Ein Commandant von 600 Goten in Tudertum 537 und 538: *Οὐλιγίσαλος* Proc.

Zum ersten Teil oben S. 87 f.; *Οὐλι-* für *Οὐιλι-* wie *-σουνθα* für *-σουινθα* u. ä. giebt den besten Beweis für die halbvocalische Natur des got. *w*, das im Ohre des Griechen silbenbildend klingt und den eigentlichen Wurzelvocal verschlingt.

Zum zweiten Teil oben S. 91. Die dem Nichtgermanen unbequeme Lautverbindung *sl* ist hier nicht als *scl*, sondern

[1] Für die Amalin des 4. Jahrhs., welche jetzt in Mommsens Jord. 122, 6 *Vadamerca* heisst, geben OBXY richtigeres *-mar-* (s. Müllenhoff im Index); ja vielleicht ist das *-marica* XY in *-marcia* umzustellen, welches obigem *Markja* an die Seite träte; dann wäre das Etymon auch in zweigliedrigem Gotennamen erwiesen, und aus einem solchen wäre obiger *Markja* Koseform.

durch Svarabhakti umgangen oder mundrecht gemacht, während der gleichnamige *Wiligisclus* bei Cass. den andern Ausweg zeigt.

WISAND.

Οὐίσανδος ist bei Proc. an zwei Stellen Name eines gotischen Heerführers, vermutlich eines und desselben.[1] An der ersten Stelle führt er den Doppelnamen *Οὐίσανδος Βανδαλάριος*, und hiervon ist letzteres der ursprüngliche, normal zweigliedrige Name des Goten, ersteres characteristischer Zuname. Dieser, als solcher im Germ. nicht vereinzelt,[2] ist nichts anderes als das ursprünglich dem Keltischen entstammende an. *visundr* ags. *wesend* ahd. *wisunt* mhd. *wisent wisente wisant* „Wisend, Bisonochse"; got. **wisands* mit derselben Ablautsstufe in der Ableitungssilbe wie z. B. im got. Vogelnamen *ah-aks* gegenüber den an *haukr* < **hǫƀ-ukr* ags. *heaf-oc* ahd. *hab-uh* (ebenso *chran-uh*). Ein solcher Beiname passt nur zu gut für den gotischen Helden, welcher in dem Kampfe vor Roms Toren vom Ansturm auf Belisar erst abliess, als ihn die dreizehnte Wunde niederstreckte, welcher dann für tot auf dem Schlachtfelde liegen blieb und erst am dritten Tage noch lebend aufgefunden und gerettet wurde.

WANDALARI.

Sein eigentlicher Name *Βανδαλάριος* ist öfter fälschlich als secundärer Beiname gefasst und mit „Bannerträger" übersetzt worden.[3] Jedoch einmal sind bei Proc. die germ. Titel nie mit in den griech. Text übernommen, und z. B. alle duces, comites, saiones heissen bei ihm gleichmässig *ἄρχοντες*; ferner ist das gelegentliche appellativische *βάνδον*

---

[1] Dahn, Könige IV, 174.

[2] Ein gleichnamiger Heruler bei Proc., ein Westgote *Wisandus* 683. 688; Förstemann, Namenbuch I, 1331.

[3] Wackernagel, Kl. Schr. III, 389; Dahn, Urgeschichte I, 258; Coste, GSddV, Proc. Got. S. 54, Anm.

(z. B. I, 415, 20), wenn auch sein germ. Ursprung zweifellos, grade das römische Heereszeichen (ebenso I, 448, 5 *βανδοφόρος* der römische Bannerträger); endlich bliebe für *Βανδαλάριος* der ableitende Zusammenhang mit got. *bandwa bandwô* rätselhaft. Vielmehr ist der Name derselbe wie der, welchen ein Amale des 4. Jahrhs. führt: *Vandalarius* (al. *Vandiliarius*) Jord., d. i. ostgot. *Wandalari*, syncopiert aus **Wandala-hari*, ein mit einem Völkernamen componierter Personenname, ähnlich dem *Vinitharius* bei Jord. (*Winitarius* Cass. Var. XI, 1), wie Ermanarics Nachfolger heisst, d. i. der „Wendenkämpfer".[1] *Βανδαλάριος* ist die unmittelbare Übertragung aus dem lat. *Vandalarius* (daher auch das anlautende *β*), ungeachtet des sonst als *Βανδίλοι* graecisierten Volksnamens (vgl. die Var. *Vandiliarius*, noch ohne Syncope und mit *i* als Compositionsvocal, bei Jord. und den Ostgoten *Wandil* bei Cass.). Sonst zum ersten Teil des Namens Wand. 38 f.

WACI.

Ein weiterer *ἀρχόντων τις οὐκ ἀφανὴς ἀνήρ*[2] aus dem Jahre 537: *Οὔακις* Proc., vielleicht derselbe wie jener Maior domus, dessen Name bei Cass. Var. X, 18 im Acc. *Waccenem* lautet. Der zu Grunde liegende, auch sonst im germ. Namenschatze erscheinende Stamm[3] kann kein andrer sein als der in nhd. *wach*. Dieses aber ist ein ganz junges, erst seit dem vorigen Jahrh. belegtes Adj.[4], das in den älteren Perioden und Dialecten durch die *r*-Ableitung **wakrs* an. *vakr* ags. *wacor* ahd. *wacchar* ersetzt wird (auch in Namen, vgl. *Odowacar* u. ä.). Bei Namen ohne diese *r*-Ableitung ist unmittelbar vom verbalen got. *wakan* an. *vaka* ags. *wacian* as. *wakôn* ahd. *wahhên* auszugehen, und

---

[1] Müllenhoff, Zs. XII, 291, Mommsens Jord. S. 144, DA II, 38. 120.

[2] Dahn, Könige IV, 174.

[3] Förstemann, Namenbuch I, 1222 f.

[4] Kluge, EW[4].

ostgot. *Waci* = wulf. **Wakjis* ist primäre Koseform mit dem *ja*-Suffix zu einem Vollnamen wie ostgot. *Wacimuth* oder dem inschriftlichen westgot. *Ebrovaccus* von 527 [1] oder dem inschriftlichen burg. *Onovaccus* von gleichem Jahr,[2] von denen die beiden letzteren deutlich das secundäre Nomen agentis zu *wakan* mit dem *a*-Suffix zeigen. Cass.'s Acc. *Waccenem* reflectiert alte *n*-Bildung (vgl. wulf. **Wakins* **Wakin*), und so scheint neben dem *ja*-Hypocorismus *Waci* der *an*-Hypocorismus *Waca* bestanden zu haben wie oben S. 56 f. *Theudi* neben *Theoda*.

ALBI

Der Name des Goten, welcher eine Gesandtschaft des Witigis i. J. 537 zu Belisar führte und bei Proc. im Acc. Ἄλβην heisst, ist ein gleicher *ja*-Hypocorismus zu einem mit an. *álfr* ags. *ælf* ahd. mhd. *alp* gebildeten Vollnamen: ostgot. *Albi*, wulf. **Albeis*. Dazu das secundäre *Albila* weiter unten. Über *Alp*- in Eigennamen s. W. Grimms „Einleitung über die Elfen“,[3] welcher aus der Häufigkeit solcher Namen schliesst, „dass man sich dabei nichts Böses noch Gehässiges dachte“; dazu kommt, „dass seit der Bekehrung das christliche *engil* ebenso wie früherhin *alp* zu Namenbildungen gebraucht wurde und insoweit an seine Stelle trat“: vgl. neben *Albi Albila* weiter unten *Angelfrith*.

WILJA.

538 wird ein Οὐλίας (Proc.) als gotische Geisel gegen einen Römer eingetauscht: ostgot. *Wilja*, wie der Name bei Cass. an fünf Stellen vorkommt; primäre Koseform.[4]

---

[1] CIL XII, 2584.

[2] Wackernagel, Kl. Schr. III, 351. 406.

[3] Kl. Schr. I, 405 ff., besonders 439 f. 445.

[4] Zu dem *Invilia* bei Jord. 131, 26 s. Müllenhoff im Index. Für *Alaricus* findet sich bei Cass. Var. die Lesart *Inalaricus* P (III, 1. 2. 4). Das *in*- wird hier steigernde Function haben und die ehrenvolle Be-

WILITHEU.

Ein Oheim des Witigis fällt i. J. 538: bei Proc. im Acc. *Οὐλίθεον*. Der zweite Teil, got. *þius* an. *-þér* ags. *þeów* ahd. *deo*,[1] bedeutet in Namen den Wehr- und Waffenfähigen,[2] womit auch eine functionelle Stütze dafür gewonnen ist, dass germ. **þewaz* und **þeg-naz* (ags. *þegn* ahd. *degan*) nur durch den grammatischen Wechsel geschiedene Formen desselben Stammes sind.[3]

GIBIMER.

Der Commandant von 1000 Goten in Clusium 538 bei Proc. im Acc. *Γιβιμέρα*.

ALBILA.

Der gotische Commandant von Orvieto in den Jahren 538—539: *Ἀλβίλας* Proc.

MORRA.

Der Führer von 2000 Goten in Urbinum 538: *Μορρας* Proc. Ostgot. *Morra*, Kosebildung zu einem mit dem maurischen Volksnamen (lat. *Maurus*, ahd. mhd. *môr*[4]) componierten

---

deutung des Namens noch besonders hervorheben sollen. Einen solchen steigernden Zweck hat es auch sonst in der got. Composition: vgl. *inahs* „verständig" *inahei* „Sittsamkeit" mit *aha* „Sinn, Verstand", *inmaidjan* und *maidjan* „verändern", *swinþjan*, *inswinþjan*, *gaswinþjan* „stärken". Mit *Inwilja* vgl. man den Namen einer Gemahlin des Frankenkönigs Chlothars I. *Ingundis* bei Fredeg. 106, 19 oder den eines Burgunden von 537 *Ingildus* CIL XII, 2405. Anders Wackernagel, Kl. Schr. III, 374.

[1] Wand. 85 und oben S. 97; reiches Namenmaterial Zs. f. d. Mythol. III, 141 ff.

[2] Müllenhoff, Zs. XII, 298.

[3] Vgl. schon J. Grimm, Kl. Schr. III, 110 ff.

[4] Vielleicht zu vgl. Müllenhoff, DA II, 97.

Vollnamen, mit ostgot. Monophthongierung[1] und hypocoristischer Consonantendehnung.

ORAJA.

In den Jahren 538—540 wird ein Neffe des Witigis erwähnt: *Oraio* Marcell., *Οὐραΐας* Proc. Die schwache got. Endung *-a* bei dem Lateiner entsprechend latinisiert, bei dem Griechen in andrer Weise graecisiert. Sonst aber bleibt die Namenbildung rätselhaft. Vielleicht steht *Oraja* für *Oragja* mit dem unter „Sajo" näher zu behandelnden Schwund eines *g*; dann könnte *Oragja* = *Ôr-hagja* sein (ostgot. *ôr-* = wulf. **aur-* „feucht", vgl. ahd. *Ôr-entil* und unten u. „Oswin", und *hagja* eine *jan*-Ableitung zu an. *hage* ags. *haga* ahd. *hag*) und als Beiname seinen Träger als den Besitzer eines feuchten Weideplatzes (so *hage* im An.) bezeichnen. Oder etwa ostgot. *Ô-ragja* = wulf. **Hauh-hragja* „der Hochragende", vgl. ags. *ofer-hragian* „überragen"?

WACIMUTH.

Οὐάκιμος, der Sieger von Ancona 539, Proc. Dahn nennt ihn *Wachimut*,[2] und diese Auffassung des Namens ist ansprechend: *-μος* bei Proc. für ostgot. *-mộth*, wulf. *-môþs* würde genau seinem ständigen *-ϱις* für ostgot. *-rîth*, wulf. *-rêþs* entsprechen, worüber oben S. 89; vgl. zu *Ἐβϱιμοὺϑ* bei ihm die Var. *Ἐβϱίμος*.

SISIGIS.

Σίσιγις gotischer Commandant in der Provinz der cottischen Alpen 539, Proc.

---

[1] Hingegen zwei Westgoten *Maureco* bei Julian. Tol. (Dietrich, Aussprache d. Got. 35) und *Maurila* vom 3. Conc. Tol. (Dietrich 37).

[2] Könige IV, 174.

Das erste in germ. Eigennamen häufige Compositionsglied [1] hat man entweder als Contraction von ursprünglichem *sigisi-* [2] zu deuten gesucht [3] oder an das alte *sisua* [4] „Totenklage", dann überhaupt „carmen magicum" (auch in *sisesang sesspilon* u. s. w.[5]) angeknüpft.[6] Beide Erklärungsversuche können Recht behalten. Das alte *śisua* lässt schon in ahd. *sisesang* u. ä. sein *w*-Suffix nicht mehr erkennen und wird daher ebenso in vielen der *Sisinand, Sisebut, Sesuald* u. s. w. stecken.[7] Got. **siswa* (gegenüber lat. *sermo* < **ses-mo* mit selbständigem *w*-Suffix wie got. *taíhs-wa* gegenüber lat. *dex-ter*) hätte als erstes Compositionsglied wulf. *siswa-* zu lauten, mit späterer Abschwächung *siswe- siswi-*; wenn nun die vocalische Natur des postconsonantischen *w* schon in der Wurzelsilbe so stark war, dass es im griechischen Ohre den eigentlich silbenbildenden Vocal übertönte, wie regelmässiges *-σουνθα* für got. *-swinþa*, häufiges *Οὐλι-* für got. *Wili-* zeigen, dann konnte um so leichter obiges *siswi-* zu *sisu-* in der Composition werden, und dieses ist dann, wie got. *filu-* in *Felithanc*, **wisu-* in *Wisibadu*, *sigu-* in *Sigiwulth* weiter behandelt worden. Andrerseits jedoch wird noch in *saio* für got. **sagja*, *Daila* für **Dagila* der gelegentliche Schwund des intervocalischen spirantischen *g* bei folgendem *i* oder *j* zu constatieren sein, und demgemäss kann *Sisi-* auch aus **Sigisi-* über **Siisi-* hervorgegangen sein. Wir entscheiden uns hier für die erstere Deutung, weil Cass. einen *Sigismer*, nicht *Sigisimer* überliefert. Aber die Ähnlichkeit beider Bildungen kann bei ihrer Bedeu-

---

[1] Förstemann, Namenbuch I, 1108 ff.

[2] Vgl. oben S. 85.

[3] Dietrich 74; Bezzenberger, *A*-Reihe 11.

[4] Graff VI, 281.

[5] Grimm, GddS 235; Müllenhoff, Dm.[2] 550; Jellinghaus, Korrespondenzbl. d. V. f. nd. Spr. 1887, S. 77.

[6] Müllenhoff, De antiqu. Germ. poesi chorica 25; zuletzt Kögel in Pauls Grundriss II, 169.

[7] Henning will DLZ 1887, Sp. 1550 den Wandalen *Sersao Sesao* bei Vict. Vit. ebenso als *Sesuo*, d. i. *Seswo* erklären. Meinen Deutungsversuch Wand. 66 gebe ich danach und aus andern Gründen gern auf, möchte aber den Namen überhaupt für ungermanisch halten.

tungsschwäche in Eigennamen früh zu mechanischer Verwechslung geführt haben.

Wir behandelten bis hierher die Namen der Ostgoten, welche uns in den historischen Quellen bis zum Ausgang der Regierung des Witigis überliefert und mehr oder weniger genau datiert sind. Es mögen sich hier die Ostrogotica aus Cassiodors Varien anschliessen, da letztere zwischen 538 und 540 herausgegeben wurden. Ich verweise auf S. 24 ff., namentlich auch auf das S. 26 Gesagte von der Überlieferung der Varien und füge hinzu, dass es mir bei der Niederschrift des folgenden Abschnittes vergönnt war, die ersten 29 Aushängebogen der neuen Ausgabe (bis lib. VIII, 2) einsehen zu dürfen. Ich gebe zunächst die Schreibungen derjenigen Namen in den Varien, welche von uns bereits behandelt wurden, weil sie noch in anderen älteren Quellen erschienen, und schliesse dann alle die an, welche hier zuerst begegnen.

Immer *Gothi* (doch *Wisigothae* III, 1. 3). *Hamali* IV, 1. 39. V, 43 u. ö. Immer *Theodericus*. *Amalafrida* IX, 1 (*Amale-* G^b^). *Amalasuintha* X, 1. 3. 8. 10. 32. *Arigernus* III, 36. 45. IV, 16. 22. 23. 43. *Gudila* II, 18. V, 29. *Pitzia* V, 29 (al. *Pithia*). *Tancila* II, 35. *Triuuila* III, 20. *Ibba* IV, 17. *Cunigastus* VIII, 28. Immer *Athalaricus*. *Wiliarit* I, 38. Immer *Theodahadus*. *Witigis* X, 31—35. *Wilia* I, 18. V, 18. 19. 20. IX, 13.[1]

ANNA.

I, 5. IV, 18; eine primäre Koseform mit hypocoristischer Doppelconsonanz zu einem Vollnamen, wie ihn etwa *Anagastus*, der thracische Befehlshaber von 469, trägt;[2] zu ahd. *ano* mhd. *ane ene*; dazu das secundäre *Anila* weiter unten, das also in seiner Function ungefähr mit *Attila* synonym ist. Wieder eine Vertauschung dieses Namengliedes mit

---

[1] Das amalische Ahnenverzeichnis XI, 1: *Hamalus*, *Ostrogotha*, *Athala*, *Winitarius*, *Unimundus*, *Thorismuth*, *Walamer*, *Theudimer*.

[2] Müllenhoff, Zs. X, 175; Stark, Kosenamen 52.

**haþus* scheint vorzuliegen, wenn das Chron. Moiss. für *Theudathus Theudadus* vielmehr *Theudanus* schreibt.

MATJA.

I, 5 der Gen. *Mazenis,*[1] zu dessen Flexion oben S. 102 f. der Acc. *Waccenem* zu vgl. Das *z* für *ti* beruht auf römischer Assibilation, über welche oben S. 72 f. *Matja* ist ein Neckname und bedeutet den „Esser": got. *matjan* (vgl. das *matzia* im got. Hexameter) zu *mats* an. *matr* u. s. w. „Speise".

VMBISVO.

Gehört dieser Dativ I, 19 überhaupt zu einem gotischen Namen, so könnte *Umbis-* zu schreiben sein und an ags. *umbor* „recens natus" erinnert werden, das einem got. **umbis* entsprechen könnte wie ags. *sigor* got. *sigis.*[2] Aber der Schluss des Namens bliebe trotzdem rätselhaft.

NANDWIN.

I, 24 ist der Acc. eines Sajonennamens, *Nandum*, schon von Tross S. 6 richtig in *Nanduin* gebessert. Man vgl. den *Nantwin Nentwin* der Heldensage.[3]

Die Schreibung *Nandum* liesse an sich auch eine Auflösung als *Nanduui* zu, d. h. *-wi(h)*, über welches oben S. 74 f. Die sonstige Überlieferung der Varien zeigt jedoch, dass Cass. für germ. *w* nur im Anlaut *uu* schrieb, im Inlaut hingegen und hier auch beim ursprünglichen Anlaut der zweiten Compositionsglieder consequent einfaches *u*; so nach LPM wie nach BZG.[4] Noch wäre *Nanduiu* zu lesen möglich und damit altes got. *wiu* erzielt, das Müllenhoff annahm,[5] da neben dem *a*-Stamm *wih* noch ein

---

[1] Dahn, Könige IV, 164.

[2] Leo, Ags. Glossar (Halle 1877), 482.

[3] W. Grimm, Heldensage 103. 137 f.

[4] Vgl. oben S. 78.

[5] Schmidts Zs. f. Gesch. VIII, 210. 264. Zs. f. d. A. VI, 431, IX, 247.

u- oder *wa*-Stamm herging[1]; und wenn der Name des Frankenkönigs Chlodowech in den Var. II, 41. III, 3. 4 *Luduin* oder *Ludum* geschrieben wird, dann könnten z. B. die *Chlodovius* der merovingischen Originalurkunden zu der Conjectur *Luduiu* veranlassen; diese wird aber durch das Fehlen einer grade hier so nahe liegenden lat. Flexionsendung unwahrscheinlich und verbietet sich ferner durch den *Lodoin* bei Jord.; es bleibt daher auch hier bei *Luduin*, d. i. *Ludwin*, dessen zweite Hälfte hier wiederum aus der Verwechslung zweier ähnlicher Namenelemente hervorgegangen.

SAJO.

Nandwin ist der erste Sajo, welcher in den Varien begegnet. Dieser amtliche Titel erscheint hier sehr häufig (I, 24. II, 4. 13. 20. III, 20. 48. IV, 14 u. s. w.) und ist immer gleichmässig als *saio saionis* überliefert.

Was das ostgotische Amt selbst betrifft, so sei der Reihe nach verwiesen auf Manso 364, v. Glöden 70 f., Dahn, Könige III, 181 ff. (hier auch ältere Litteratur), Mommsen, NA XIV, 472 f. Nach letzterem ist der Sajo ein Subalternbeamter, der Agens in rebus gegenüber den Untertanen gotischen Rechts, welcher königliche Befehle jeglichen Inhalts an die davon betroffenen Personen zu übermitteln und ihre Ausführung zu überwachen hat. Dem Character einer derartigen königlichen Vertrauensstellung entspricht es, wenn wir für die Sajonen nur gotische Namen finden, wenn also nur unmittelbare Stammesgenossen des Königs sie bekleiden durften.

Für die Etymologie des Wortes sind alle früheren Deutungsversuche[2] annulliert durch den Aufsatz Kögels über die „Sacebaronen" der Lex salica[3]. Nach dieser dankenswerten Abhandlung gehört es zu der Wurzel *seq* „folgen" (ai. *sac* gr. ἕπομαι lat. *sequi*) und ist ein hieraus mittels

[1] Henning, Runendenkm. 35 f.

[2] Zu lat. *sagum*; später zu an. *segja* ags. *secgan* as. *seggian* ahd. *sagên*.

[3] Zs. XXXIII, 13 ff.

Suffixes *ja* abgeleitetes Adj. *sagja-* „folgend, begleitend"; letzteres entstand aus älterem **saguja-* wie an. *ylgr* aus **wulgwjâ-* oder ags. *mecg* (pl. *mecgas*) aus **magwja-* (zu *magu* got. *magus*) und deckt sich sowohl lautlich wie in der Bedeutung mit lat. *socius* aus **soquio-s*. Und wenn dieses Adj. *sagja-* nach Kögel in substantivischer Function vorliegt in as. *segg* ags. *secg* an. *seggr*, dann bietet unser *sajo*, d. i. got. **sagja*, eine schwache Substantivierung dar wie got. *gamainja* zu *gamains* u. ä.

Die graphische Consequenz in dem einheitlich überlieferten *saio* erklärt sich aus amtlichem Usus, und man ist deshalb noch lange nicht berechtigt, ihre Eigentümlichkeiten auf gotische Lautverhältnisse zurückzuführen. Ein derartiger amtlicher conservativer Kanzleieinfluss zeigte sich schon öfter; wir fanden regelmässiges *Theodericus*, regelmässiges ungeschwächtes *Amala-* in Compositis, regelmässiges *Theodahadus* ohne Syncope, alles amtliche oder historische Formen, welche eben durch ihren häufigen Gebrauch in Erlassen und Urkunden auch für Historiker und Steinmetzen fest geworden waren. Daher auch die lat. Endung *-o*; für die ostgot. Appellativa aber darf aus dem amtlichen Terminus noch nichts geschlossen werden, vielmehr zeigen die zahlreichen Hypocorismen auf *-a*, *-ila*, *-ica* u. s. w., dass got. schw. *-a* im Ostgot. intact geblieben. Ebenso verhält es sich in *saio* mit dem Ausfall des *g*. Es handelt sich hier nur (ähnlich wie beim got. *h*) um eine organische Schwäche des spirantischen intervocalischen *g*, welche letzteres mitunter in der lat. Transscription unterdrücken liess; dieselbe Neigung äussert sich in lat. inschriftlichen *Frualitas*, *Auste*, *Trienta*, *Cytheo* (= *Cethego*)[1]; und mit Recht sagt Arth. Schmidt: „Allerdings ist die Form *sagio* gegenüber der von andern Quellen gebrauchten Form des *saio sajo* als die ältere zu bezeichnen; die Form *saio sajo* hat jedoch die Fassung *sagio* nicht verdrängt, vielmehr kommen beide Formen neben einander vor, und lässt sich speciell die Schreibweise *sagio* bis ins 13. Jahrh. hinein verfolgen."[2] Wenn daher auch das latinisierte *saio*

[1] Seelmann 349.

[2] Zs. d. Savigny-Stiftung IX, 235.

als die Urkundenform des Titels feststeht, so ist das vulgärgot. Appellativum doch ohne Bedenken als **sagja* zu restituieren.[1]

HUNSLA.

I, 26 *Unscilae* (Gen.): Name eines Geistlichen. Mit dieser Lebensstellung harmoniert die, wie ich meine, einzig mögliche Etymologie des Namens: **Hunsla*, als primäre Koseform zu **Hunslamund* o. ä., von got. *hunsl* „Opfer, heiliger Dienst" an. *húsl* ags. *hûsl*. Das germ. *sl* ist hier zu *scil* bequemt.[2]

CANDAC.

I, 37 *Candacis* (Gen.). Auch bei Jord. erscheint der Name: des Jord. Grossvater war bei einem Alanen *Candac* (126, 20. 21. 22) Notar. Der Name ist also alanisch, nicht gotisch.

BOJO.

I, 38 *Boioni* LP, *Coioni* M (Dat.): Name eines ungetreuen Vormunds;[3] Kosebildung zu einem Mannesnamen, der mit dem Volksnamen der Bojer zusammengesetzt war (vgl. *Boiorix*[4]), keltischer Lautgebung entsprechend.[5] Die Lesart *Coio* wird für *Goio* stehen,[6] d. i. ostgot. *Goja,* wulf. **Gauja* (**Gawja*)[7], Koseform zu *Wįdigoja* o. ä.

OSWIN.

Oswin heisst der Vir illustris comes, an welchen I, 40. III, 26. IV, 9. IX, 8 gerichtet sind (dazu noch in IX, 9)

---

[1] Vgl. übrigens schon Diefenbach, Vgl. Wörterb. der got. Spr. (Frankf. a. M. 1851) II, 184.
[2] Wand. 52; oben S. 100.
[3] Dahn, Könige IV, 147.
[4] Müllenhoff, DA II, 119. 120.
[5] Müllenhoff, DA II, 328.
[6] Vgl. oben S. 65.
[7] Dietrich 67. Wand. 93.

und welcher zweimal als Comes Dalmatiae et Suaviae erscheint. Die übereinstimmende Form des Namens in den Codd. ist *Osuin* (M *Asuin* I, 40, *Osum* III, 26, L[1]P[1] *Osuuin* III, 26).

Man denkt zuerst an einen importierten ags. Namen (ags. *Oswine*, Wids. 26, der natürlich auf **ǫns- *ans-* zurückgeht). Aber Cass. (resp. der Ostgote) pflegt die Eigennamen der nichtgotischen Stämme zu gotisieren: den Wand. *Geiserix* nennt er mit ostgot. Monophthongierung *Ge(n)siricus,* den Franken *Chlodowech* mit ostgot. Unterdrückung des im Fränk. stark articulierten Gutturalanlauts und mit ostgot. Schwund des Compositionsvocals vor *w Luduin.* Demgemäss würde er auch ein ags. *Oswine* als *Ansuin* wiedergeben, zumal das erste Namenglied auch in wandil. Namen geläufig war: sogar ein Amale heisst *Ansila* Jord. 77, 2, ebenso ein Wandale Wand. 72. Wir müssen *Oswin* deshalb als ostgot. Form zu deuten suchen. Der erste Teil des Namens kann bei dem festen, nicht in *u* schwankenden *o* der Stammsilbe nur ostgot. Monophthongierung zeigen aus **aus- *ausa-*, der altidg. Benennung der Morgenröte: ai. *ušâs* gr. *ἠώς* lat. *aurora* lit. *auszrà.*[1] Nicht hierher gehört ahd. *Ôr-entil*[2] ags. *Eár-endel* an. *Aur-vandill,* denn diese

[1] Die Weiterbildung **aus-tra-* oben S. 48 in den *Ostrogotae.* An. *austr* ags. *eást* ahd. *ôstan* „Osten“ und alle hierher gehörigen Ableitungen zur Bezeichnung östlicher Himmelsrichtung sind in ihren Bildungen ursprünglich zu trennen von ags. *eáster* ahd. *ôstara* „Ostern“ (vgl. Sievers, Beitr. V, 526): letzteres ist eine schon idg. Bildung oder Ableitung, und das *t* im Namen der altgerm. Frühlingsgöttin *Austrô* ist, wie das ai. *usrâ* zeigt, nur das phonetische, nicht ableitende germ. *t* (wie in *swestr-* gegenüber ai. *svásā,* Dat. *svasrí* u. s. w.); dagegen ist in den Bezeichnungen für *Ost* und *östlich* der Dental suffixal und zwar ursprüngliches *þ*, der an obiges *aus-* (vgl. lat. *aus-ter* gr. *αὔϱ-ιον*) antrat und nach dem *s* zu *t* wurde. Ebenso *wes-t-* (an. *vestr* ahd. *westan*) zu *wes- wis-* (vgl. lat. *ves-per* gr. *ἑσ-πέϱα*, *Wisi-gothae* oben S. 48, 7); vermutlich auch *süd-*, d. i. *sund-* (an. *sunnan* ags. *sûþ* as. *sûth* ahd. *sundan*) aus germ. *sun-þ-* zu *sun-* (got. *sun-nô*); endlich *nord-* (an. *norþr* ags. *norþ* as. *north* ahd. *nord*), d. i. germ. *nor-þ-* (vgl. an. *nor-n*, pl. *nor-nir?* Weinhold, Zs. VI, 460).

[2] Kluge stellt es hierher, EW[4] 254 und ebenso in Pauls Grundriss I, 399; dgl. W. Müller, Zur Mythologie der griechischen und deutschen Heldensage (1889), S. 160.

müssen gemeingerm. *r,* nicht *z* enthalten, weil andernfalls im An. *R*-Umlaut, also **Eyr-vandill* zu erwarten wäre (vgl. an. *eyra* — got. *ausô* **auzô*, an. *reyrr* — got. *raus* **rauza*[1]); sie stellen sich vielmehr zu an. *aurr* „humus, Feuchtigkeit" ags. *eár* „Meer, Ocean"[2], welche demnach germ. *aura-* voraussetzen[3]; man beachte auch in der Heldensage das Nebeneinander von Namen wie *Orendel* u. ä. einerseits, *Oserich* (im Biterolf) u. ä. andrerseits.[4]

SUNA.

Ein Comes *Suna* II, 7, *Sona* III, 15[5]: an erster Stelle mit extremem *û,* an zweiter mit altem *ô* geschriebene Koseform eines Namens, dessen eines Glied sich zu an. *són* „Sühne" ahd. *suona* „Urteil, Gericht" stellt.[6]

FRUMARITH.

Ein Sajo Theoderics II, 13 *Frumarith* L¹P, *-rit* L¹M. Das erste Glied zu got. *fruma* „primus", *frums* „initium", an. ags. *frum-* (ags. *fruma* „Anfang", as. ahd. *fruma* „Nutzen, Vorteil").[7]

BUTILA.

II, 17 der Name eines Presbyters im Dat. *Butilani*[8]: *n*-Flexion zum Nomin. *Butila,* wulf. **Bôtila*; got. *bôta*

---

[1] Noreen § 68, 5.

[2] Zimmer, QF XIII, 57; Müllenhoff, DA I, 34, jedoch nicht got. **auz*.

[3] Fick, Vgl. Wörterb. III[3], 7. Für das ags. Appellativum *eárendel* = lat. „iubar" bleibt dann freilich keine andre Erklärung als die von Müllenhoff, DA I, 33 f. versuchte, dass hier ein Eigenname zu einem Appellativum herabgesunken sei (vgl. das an. *Aurvandils tá*).

[4] Bei letzterem nimmt freilich Müllenhoff, Zs. X, 172, altes got. *ô* an, weiss aber sonst ebenso wenig eine Deutung wie Heinzel, Anz. IX, 249.

[5] Dahn, Könige III, 179.

[6] Vgl. *Sunilda* Jord. 91, 15 und Müllenhoff im Ind.

[7] Förstemann, Namenbuch I, 436 f.; seine locale Beschränkung ib. widerlegt obiger Ostgote.

[8] Dahn, Könige III, 143.

„Nutzen“ an. *bót* „Besserung, Ersatz, Busse“ ags. *bôt* „Nutzen“ as. *bôta* „Heilung, Busse“ ahd. *buoza* „geistliche und rechtliche Busse“. Hatte das ostgot. Appellativum schon eine specielle theologische Bedeutung, so kann sich *Butila* als Name eines Geistlichen zu obigem *Hunsla* (S. 111) stellen.

WILIGIS.

II, 20 der Dat. *Wiligis;* L' *Willigis* mit hypocoristischer Gemination, M' romanisiert *Guiligis.*

ADILA.

Die Verwaltung kirchlicher Güter in Sicilien übernimmt nach II, 29 ein Graf *Adila.*

Ein secundärer Hypocorismus [1], zu welchem die ostgot. Vollnamen *Aderith*, *Ademund*, *Adiuth* zu vgl., und daher nicht mit *Athala* (oben S. 84) als ursprünglich suffixablautend zu verbinden. *Ad-* mit tönender Spirans für wulf. **aþ-* ist die suffixlose Wurzel zu **aþal* (oben a. a. O.).[2]

ALOISO.

So der Name eines Architecten II, 39 im Dat. Schwerlich gotisch; schon sein Gewerbe spricht dagegen.

SUNIWATH.

III, 13 *Sunhivado* der Dat. eines Namens, dessen Träger „ad finienda iurgia“ nach Samnium geschickt wird.[3]

Zusammenstellung des ersten Namengliedes mit obigem *Suna* (S. 113) hindert der Stammesauslaut *-i*, welcher vor folgendem Halbvocal wahrscheinlich geschwunden wäre. Vielmehr liegt got. *sunja-* vor (vgl. *Sunjefrith*), dessen *a* vor dem folgenden *w* getilgt wurde, sodass *suni-* übrig

---

[1] Mit dem andern Secundärsuffix ein Westgote *Adica* 564, CIL XII, 2187.

[2] Vgl. den westgotischen König *At(h)auulfus* bei Jord. (a. 410—415). Sonst Förstemann, Namenb. I, 130 ff.

[3] v. Glöden 55.

blieb; möglich, dass die Schreibung *sunhi-* den alten Halbvocal characterisieren soll[1]; got. *sunja*[2] „Wahrheit“ an. *syn* „Leugnen, Verweigerung“ as. *sunnea* „Not“ ahd. *sunna* „auf Wahrheit beruhendes Rechtshindernis“.

Das zweite Glied des Namens ist starkes Nomen agentis mit dem *a*-Suffix zu got. **wadan* an. *vaþa* ags. *wadan* ahd. *watan* „gehen, dringen“, wulf. **waþs* ostgot. *wath* (nach *rith*).[3] Henning[4] stellt die hierher gehörigen Namen lieber zu got. *wadi* „Unterpfand“: wenigstens für die ostgot. Namen ist das abzulehnen, weil in ihnen von der *ja*-Bildung des got. Appellativums nichts zu merken ist. Wenn aber Dietrich und nach ihm Bezzenberger[5] *-vādus* lesen, d. i. wulf. *-wêþ-*, so ist das der gleiche Fehler, wie wenn Kremer[6] den Goten *Erpamara* als *Erpa-mâra* fasst! Die Variante *Sunibado* in M‘ darf nicht mit dem üblichen Wechsel von *v* und *b* im Lateinischen abgetan werden, denn got. anlautendes *b* blieb natürlich auch in der Composition explosiv: vgl. ebenso zum *g* oben S. 65 und sonst S. 9; auch kommt dieser Wechsel z. B. bei den mit *-win, -wulf* componierten Namen nie vor, obgleich deren *w* in der Composition immer als *v* erscheint (S. 108). Es wird daher wiederum eine Vertauschung zweier namenschliessender Compositionsglieder, nämlich *-wad-* und *-bad-* vorliegen.[7]

MARABADU.

Marabadus, Comes in Massilia, III, 34. IV, 12. 46; = ἱππομάχος.[8] Der erste Teil = got. **marha-* (an. *marr*

[1] Vgl. unter „Gundwulf“.
[2] Schlüter, Suffix *ja*, 42.
[3] Vgl. auslautendes *-wat -wad* bei Förstemann, Namenbuch I, 1224.
[4] Runendenkmäler 113.
[5] Aussprache 63. *A*-Reihe 12.
[6] Beitr. VIII, 436. Vgl. unter „Amara“.
[7] Von den beiden zu *Suniwath* möglichen Hypocorismen kann der eine vorliegen in *Sunnia* (mit hypocoristischer Gemination), dem Namen eines der beiden got. Geistlichen in dem bekannten Briefe des Hieronymus um 390, der andre in dem **Wada* an. *Vaþi* ags. *Wada* der Heldensage (Müllenhoff, Zs. VI, 62 ff.).
[8] Müllenhoff, DA II, 120.

ags. *mearh* ahd. *marah*) „Pferd" mit geläufigem Schwund des got. *h*. Anknüpfung an **mar marei* (wulf. *marisaiws*) hindert der Stammesauslaut, dessen Färbung zu ostgot. *i* hier vielleicht grade aus diacritischen Gründen aufgehalten wurde.

Der zweite Teil, wulf. **badus badwa-*, ist secundäre *a*-Bildung zu **badwa-* an. *bǫþ* ags. *beadu* „Kampf"; vgl. den secundären Hypocorismus *Badwila* unten.[1] Dass für wulf. **badus* ostgot. **badu* ohne Nomin.-*s* anzusetzen, ist nach *Uftahari* nur zu vermuten, nicht durch Belege zu erweisen.

WANDIL.

III, 38 *Wandil*, got. Befehlshaber in Avignon; so als Dat. Es liegt also kein secundärer Hypocorismus *Wandila* vor, sondern ein selbständiges starkes wulf. **Wandils*, ostgot. *Wandil*. Der Wandalenname erscheint hier uncomponiert als Personenname, wie weiter unten der Dänenname, und zwar mit der Suffixstufe des griech. *Βανδίλοι*, während der Volksname in damaliger Zeit lat. gleichmässig *Wandalus* lautet[2]: der Commandant in Avignon mag also schon in voritalienischer Zeit zu Theoderics Gefolge gehört haben und sein unterscheidender Beiname *Wandil* der byzantinischen Periode entstammen.[3] Ein solcher wird in der Bezeichnung vorliegen und den ursprünglichen Namen verdrängt haben, womit oben S. 65 *Ostrogoto* „die Ostgotin" zu vgl., und an den Namen des wandilischen Eponymus braucht man nicht zu denken.[4]

HUNIGIS.

Unigis III, 43 ein königlicher Spatharius. Mommsens Vermutung,[5] dass der Name für *Vitiges* verschrieben sei,

---

[1] Sonst die reiche Sammlung bei Förstemann, Namenbuch I, 196 ff.
[2] Wand. 39.
[3] Vgl. umgekehrt den *Βανδαλάριος* oben S. 102.
[4] J. Grimm, GddS 775.
[5] NA XIV, 513, 5.

weil auch dieser königlicher Spatharius heisse, scheitert an dem Umstand, dass die Var. germ. *w* im Anlaut erster Compositionsglieder immer mit *vv* wiedergeben. Die Schreibung entbehrt nur wieder der Aspiration (vgl. *Unimundus* XI, 1), und der Mann hiess *Hunigis*.

LEODIFRITH.

III, 48 ein Sajo Theoderics: *Leodifredus*, *Leodefridus* L[1].

SENARIUS.

Senarius IV, 3. 4. 7. 11. 13 ist wohl Römer.[1] Sonst wäre ostgot. *Sęn-hari* = wulf. *Sin-harjis* denkbar[2] und zum ersten Teil got. *sin-teins*[3] zu vgl.

GESILA.

Ein Sajo Theoderics, der in Tuscien ausstehende Steuern eintreiben soll, heisst IV, 14 *Gesila*; ein secundärer Hypocorismus, etwa zu *Gesimund* o. ä., wie der alte Amale,[4] der Typus germanischer Gefolgstreue und historischer Vorläufer des mythischen Hildebrand der Heldensage, heisst:[5] Jord. 121, 23 *Gesi-* (*Gise-* L, *Gisi-* OB), Cass. Var. VIII, 9 *Gensi-* B, *Gesi-* TG, *Gensmundus* Z. Hier kann das *e* der ersten Silbe nach der oben S. 91 gegebenen Etymologie von *gis*, welches idg. *i* enthält, nicht für *i* stehen; vielmehr ist *gesi-* nichts anderes als *gêsi-* < **gaisi-* < wulf. **gaiza-*[6]: an. *geirr* ags. *gâr* as. ahd. *gêr*.[7] Die Varianten

---

[1] Mommsen, NA XIV, 465, 1.
[2] Förstemann, Namenbuch I, 1102.
[3] Feist, Got. Etymol. S. 101.
[4] Vgl. Mommsens Jord. S. 143 f.
[5] Müllenhoff, Zs. XII, 254.
[6] Wand. 56 ff.
[7] Müllenhoff, Zs. XXIII, 24; DA II, 206.

Gis- bei Jord. werden sich umgekehrt erklären wie oben S. 95 f. die *Witi-ges*,[1] und das *Gens-* bei Cass. ebenso aus romanischem Schreibereinfluss wie sein *Gensiricus* I, 4.[2] Für letzteren steht *Geis-* als die allein berechtigte wand. Dialectform fest, und Cass. hat den ihm etymologisch klaren Namen in ostgot. Umschrift wiedergegeben, worüber oben S. 112. *Ge(n)siricus* und *Ge(n)simundus* (vgl. auch V, 43 den westgot. Prätendenten *Gesalecus* mit zweifachem *e*[3]) bezeugen also ostgot. *gês-*, und für um so gesicherter kann diese Monophthongierung gelten, als ihr Analogon *ô* < *au* festgestellt ist.[4]

GEBERIC.

IV, 20 *Geberic* (als Dat.; *-rich* L[1]), Senator unter Theoderic.[5] Derselbe Name für einen Zeugen bei Marini Nr. 131, 26 *Ghiveric*, 51 *Giberit*.[6] Endlich der alte Gotenkönig aus der Mitte des 4. Jahrhs. bei Jord. *Geberich* (al. *Gibe-*; *-rig*, *rith*, *-riet*, *ric*).

Das *gh* des einen Citats wird zu erklären sein wie die gleiche Schreibung im ahd. Isidor,[7] wo vermutlich „durch das *h* spirantische (bez. nach romanischer Weise palatale) Aussprache des *g* vor *e*, *i* ausgeschlossen werden" soll und wozu germ. Lehnworte im Ital. wie *ghiera*, *Gherardo* u. s. w. zu vgl.[8].

---

[1] Danach modificiert sich meine Erklärung vom *Gizericus* des Jord. und *Γιζέριχος* der Griechen Wand. 59.

[2] Wand. 58; dazu besonders Seelmann 285. Joh. Schmidts Vermutung (Vocal. I, 136 f.), dass *Ginsericus Gensericus* auf Vertauschung mit einer andern selbständigen Namenbildung beruhe, bleibt ebenso fraglich wie deren appellative Anknüpfung an **us-gins-nan* > *us-geis-nan*.

[3] Vgl. hingegen Dietrich 33 f.

[4] Vgl. unter „Vocalismus".

[5] Dahn, Könige III, 99, 5.

[6] Dahn, Könige IV, 187.

[7] Braune, Ahd. Gr. § 148, 4.

[8] Diez, Gr. I[3], 318.

Sämtliche obige Stellen weisen auf ostgot. *ric* ohne Nomin.-*s*! An der zweiten Stelle bei Marini wieder Vertauschung von *ric* und *rith.*[1]

TUTIZAR.

IV, 27 ein Sajo *Tutizar* L, *Tzutizar* P, *Tzutzar* M[1], *Tzuttzar* M'.[2] Sein Name bleibt völlig dunkel.[3] Vielleicht weist seine Endung auf alanischen Ursprung: unten u. „Goar".

AMARA.

IV, 27. 28 ein Sajo *Amara.*[2] Eine Conjectur *Amala*, welche nahe liegen könnte, verbietet sich durch die variantenfreie Überlieferung; dazu ist die gleiche Gestalt des Namens in einer Inschrift von Aquileja bewahrt;[4] und sie ist auch in der Benennung des got. Nationalhelden enthalten, der bei Jord. 65, 4 *Eterpamara* heisst. Letztere Stelle lautet jetzt in Mommsens Text: *„Ante quos etiam maiorum facta modulationibus citharisque canebant, Eterpamara, Hanale, Fridigerni, Vidigoiae et aliorum, quorum in hac gente magna opinio est, ...*", und Müllenhoff im Index weiss für *Eterpamara* keine Deutung. Ich schlage vor zu lesen: „.... *canebant et Erpamara .... et aliorum ......*", mit correspondierendem *et* — *et* (vgl. O und besonders XY).[5] In dem so hergestellten *Erpamara* vgl. man das erste Glied *Erp-* etwa mit dem Franken *Erpo Herpo* bei Fred. 120, 11. 140, 14. 141, 22 u. ö. oder dem an. *Erp,* dem Stiefbruder der Schwanhild, oder dem mhd. *Erpfe,* dem Sohn

---

[1] Da die Bedeutung hier wohl nur **Giba-rêþs*, nicht **Giba-reiþs* zulässt, so ist für diese Charta damnatae litis der ostgot., nicht langob. Ursprung erwiesen; denn die Langobarden haben schon *â* für got. *ê* (Meyer S. 263), müssten also *Giberât* haben. Damit ist Dahns Zweifel (Kön. IV, 187) gehoben.

[2] Dahn, Könige III, 118, 2.

[3] Vgl. Müllenhoff in Mommsens Jord. S. 149.

[4] CIL V, 1583.

[5] Ähnlich schon Dietrich 98.

Etzels im Biterolf, u. s. w.: an. *járpr* „dunkelbraun" ags. *eorp* ahd. *erpf* „fuscus".[1] Der zweite Teil ist obiger *Amara*, dessen Etymologie freilich fraglich bleibt. Am nächsten läge *Erpamara* einfach als „Goldammer" zu übersetzen (ahd. *amero* **amaro*) und in ihm irgend einen bezeichnenden Beinamen zu sehen. Oder *Amara* stellt sich als *Hamara* zu got. **hamars* an. *hamarr* ags. *hamor* as. *hamur* ahd. *hamar*, das ursprünglich eine steinerne Waffe bedeuten soll.[2]

DUDA.

Name eines Comes IV, 27 *Duda*, IV, 28 *Duda* M¹, *Dudda* LPM¹ (mit hypocoristischer Consonantendehnung); eines Sajo IV, 32. 34 *Duda* L¹PM¹, *Dudda* L¹M¹. Dahn und Mommsen[3] sehen kein Hindernis beide zu identificieren. Dagegen überliefern die Hss. IV, 39 *Guda*, nicht *Duda*.

Die Ausführungen von Stark[4] über die vorliegende und ähnliche Namenbildungen sind haltlos und kommen zumal für unsere frühe Sprachperiode nicht in Betracht. Die Aufzählungen bei Förstemann,[5] namentlich ahd. Formen wie *Tuata Tuota* (dazwischen freilich in bunter Verwirrung auch *Touta* und andere ganz heterogene Bildungen), scheinen auf ein got. **Dôda* zu führen, wovon obiger *Duda* die ostgot. Entwicklung mit extremer Vocalfärbung zeigen könnte; jedoch dann wäre dieses *ū* für *ǫ̂* wohl kaum an allen Stellen so consequent geschrieben, und die Etymologie dieses *Dôda* bliebe ebenfalls dunkel. Ich weiss keinen andern Ausweg als wieder einen Spitznamen anzunehmen, der auf eine körperliche Eigentümlichkeit seines Trägers anspielte, und in ihm die got. Entsprechung zu ahd. *tut(t)o tut(t)a* mhd. *tutte* (*tüttel*, *tütelîn*) „Brustwarze, Brust" zu

---

[1] Grimm, Zs. III, 152; s. auch Kremer, Beitr. VIII, 436, aber nicht **Erpa-mara*, oben S. 115. Vgl. das urverwandte gr. *ὀρφνός* „dunkel" und den gr. Eigennamen *Ὀρφεύς* (Fick, Vgl. Wörterb. III³, 37); zur Bedeutung etwa auch Zimmer, QF XIII, 33.

[2] Kluge, EW⁴ unter „Hammer". Förstemann, Namenbuch I, 601.

[3] Könige III, 181; NA XIV, 478, 3.

[4] Kosenamen 33 ff.

[5] Namenbuch I, 339 ff.

sehen (vgl. got. *daddja* ahd. *tâju* „säuge“, zur Bedeutung vielleicht lett. *dēls* „Sohn“ zu *dēju* „sauge“ [1]). Das secundäre *Dudila* im Namen eines Westgoten von 646.[2]

TUFA.

Tufa IV, 32 [3] wird von Mommsen [4] mit dem Mag. mil. Odowacars identificiert, welcher zu Theoderic überging (z. B. Anon. Val. § 51). Folglich ist er kein Ostgote von Haus aus, und seine rätselhafte Namensform [5] kann hier ausser Betracht bleiben.

THEODAGUNDI.

IV, 37 heisst eine Femina illustris *Theodagunda* L[t], *-gunta* nach den meisten Laterculis.[6]

Für die Endung des zweiten Teils kann ganz auf das oben S. 86 über got. **hildi* Gesagte verwiesen werden. Danach ist *-gunda* wahrscheinlich Latinisierung von ostgot. *-gundi* wulf. **gunþi* an. *guþr gunnr* ahd. *gundia*. Wieder ostgot. tönende Spirans wie noch in *Gundihildi Gundirit Gundimer* für wulf. *þ*, welches bei Jord. im Namen seines Chefs *Gunthicis* (126, 23)[7] und des alten Goten-

[1] Feist, Got. Etymol. S. 22.

[2] Wollte man ausnahmsweise ein Abstractum als characteristischen Zunamen einer Person gelten lassen, so wäre an das Suffix *-dûþi-* zu denken (got. *ajuk-*, *mikil-*, *gamain-dûþs*); aus einer solchen Bildung (vgl. lat. *Heren-tas* als Namen der pälign. Venus mit demselben Suffix, Brugmann, Vgl. Gr. II, I, 292) könnte *Dûda* (mit jüngerem ostgot. *d* im Inlaut) eine Koseform sein, und das Suffix wäre wie das zweite Glied eines Compositums empfunden: Brugmann 291 Anm.

[3] Dahn, Könige IV, 139, 1.

[4] NA XIV, 505, 3.

[5] Stark, Kosenamen 117. Förstemanns Deutung aus an. *dubba* „schlagen“, KZ III, 311, bleibt willkürlich.

[6] Dahn, Könige III, 27 f.

[7] D. i. *Gunthigis*, zu dem *c* oben S. 65. Sein Zuname *Baza* (*Batzas* auch ein Führer gegen die Saracenen bei Marcell., Ronc. II, 325) steht mit Assibilation (S. 72) für **Batu* oder **Batja* und ist Koseform zu einem Vollnamen, der wie der *Bat-wins* des got. Kal. entweder mit dem Volksnamen der *Bataver*, *Batten* componiert war (J. Grimm,

führers *Gunthericus* aus der Zeit Ostrogotas (81, 16), auch in *Guntio*, d. i. got. **Gunþja*, und *Guntelda* einer freilich undatierten Inschrift von Comum[1] bewahrt geblieben.

GUDA.

IV, 39 *Guda* (nicht *Duda*, S. 120). Vgl. oben S. 72.

GUDISCALC.

Der Name eines Sajonen Theoderics lautet IV, 47 im Dat. *Gudisal* L[1], *Guodiscalco* L[1], *Godiscalco* P, sodass die Herstellung *Gudiscalc-* unbedenklich ist.[2] Da die zahlreichen mit got. *guþ* componierten Gotennamen ganz constantes *u* in der Überlieferung zeigen, so wird dieser vereinzelte Wechsel von *Gudi-* und *Godi-* für ostgot. *ǫ*, wulf. *ô*, also für got. *gôds* an. *góþr* u. s. w. sprechen.

Der zweite Teil zu got. *skalks* an. *skálkr* ags. *scealc* as. *skalk* ahd. *scalch* „Dienstmann", ohne dass über die ostgot. Endung etwas überliefert wäre.[3]

FRIDIBADU.

Laut IV, 49 wird *Fridibadus* an die Spitze der Provinz Suavia gestellt.

Zs. VII, 471 ff.; Müllenhoff, Zs. IX, 235) oder einfacher mit germ. *bata-* „gut" (Dietrich 84; Zimmer, QF XIII, 89); da letzteres, abgesehen vom ahd. mhd. Adv. *baz*, nur aus den comparativen und superlativen Bildungen bekannt ist, so wäre an die griech. Eigennamen mit *ἀμείνων ἄριστος* zu erinnern (Fick, Personennamen 9. 14. 101. 104).

[1] CIL V, 5415.

[2] Der Name *Γοδίδισκλος* eines Goten bei Proc. I, 39, 22 ist dagegen leicht in *Γοδίγισκλος* gebessert, wie er den gleichnamigen Wandalenkönig (al. *Γωδι-*) nennt; zum zweiten Teile oben S. 91, sonst Wand. 51 f.

[3] Jedoch *Ascalc*, der Name eines Clienten des Thorismud, Jord. 116, 12.

MANNILA.

V, 5 ein Sajo Theoderics *Mannila*. Wiederum ein secundärer Hypocorismus, woneben der primäre in dem Testamentsaussteller *Manna* bei Marini Nr. 75 überliefert. Letztere Koseform deckt sich also ganz mit dem got. Appellativum *manna* (an. *maþr* ags. *mon* as. ahd. *man*). Vergleicht man das massenhafte Vorkommen von gr. *ἀνήρ ἀνδρο-* in griech. Personennamen,[1] so ist es überflüssig für die Bedeutung von *manna* in Eigennamen eine Verallgemeinerung[2] oder mythologische Beziehung[3] anzunehmen.

WERA.

V, 10 ein Sajo *Vera* (Dat. *Verani*, *Verano* P mit Characterisierung der *n*-Flexion). Auffällig ist die Schreibung *v*, da die Varien sonst im germ. Wortanfang *w* schreiben, doch wird sie auf Beeinflussung durch das tatsächlich urverwandte lat. *verus* zurückzuführen sein. Letzteres begünstigte auch die Schreibung *e*, nicht *i* für ostgot. *ẹ̄*, vgl. unten *Sisivera* neben *-vira*. *Wera* ist primäre Koseform,[4] zu welcher der *Wêrêka*, d. i. *Wêrika* des got. Kal. die secundäre Bildung stellt. Got. **wêrs* (davon *alla-wêrei*) ags. *wǣr* u. s. w.; zur Bedeutung (ursprünglich „freundlich", vgl. *unwêrjan* „unwillig sein"; „wahr" ist got. *sunjis*) s. Kluge im EW[4] unter „albern".

GUDINANTH.

V, 19 ein Sajo *Gudinandus*. Auf die ostgot. Endung *-nanth* führt der *Willjenant* der Neapeler Urkunde.

ALIWULF.

V, 20 der Dat. *Aliulfo* (*Ailulfo* P[1]). Der halbvocalische Anlaut des zweiten Compositionsgliedes führt für das erste

[1] Fick 11. 102. 153.

[2] Denkendes, sinnbegabtes Wesen: Müllenhoff, Zs. f. Gesch. VIII, 219.

[3] *Mannus* bei Tac.: Fick, Vgl. WB III[3], 230.

[4] Ebenso heisst ein Westgote von 693.

nicht auf wulf. *ala-*, sondern *alja-* (vgl. *alja-kuns*, *alja-leikô*): got. *aljis* „alius“ (in an. *elli-gar* ags. *eli-cor* *el-cor* as. *el-cor* ahd. *eli-chôr*), in Namen wohl mit der Bedeutung „peregrinus“ wie in ahd. *eli-lenti* as. *eli-lendi*. Die Schreibung *Ail-* P^1 braucht nicht nur auf graphischer Umstellung zu beruhen, sondern kann auf Verwechslung mit *Agil-* weisen (oben S. 91), dessen *g* wie das in *saio* schwand.

TATA.

V, 23 der Acc. *Tatanem*. Zur Etymologie weiss ich hier noch ebenso wenig beizubringen wie Wand. 84.[1] Die Deutung Kögels, welcher[2] das Nebeneinander von *Tatto* und *Tasso* in langob. Urkunden für einen Beleg des im Werden begriffenen Lautwandels *tt* > *ss* (wie *Chatti* > *Hassi*) hält, beruht auf einem Anachronismus. Für diesen Lautprocess können wohl Formen wie *Chatti* und *Hassi* sprechen, zwischen deren Überlieferung Jahrhunderte liegen[3]; ganz unwahrscheinlich aber bleibt, dass das junge Langobardische des sechsten und späterer Jahrhunderte *Tatto* und *Tasso* neben einander haben soll, während schon das Got. des 4. Jahrhs. den gleichen Lautvorgang vollendet hat, wie *ungatass*[4] beweist. Kögel verschweigt jedoch, dass in den erwähnten Urkunden neben *Tatto* auch *Tato* erscheint[5]; hiernach ist das *tt* in *Tatto* vielmehr nichts weiter als die geläufige hypocoristische Gemination und *Tato* = ostgot. *Tata*. Da die Langob. aber germ. *t* sonst verschieben,[6] so bleibt Meyers Deutung des Namens, welche von einer internationalen kindlichen Lallform ausgeht, vorläufig der einzige Ausweg.[7]

---

[1] Die dort für die Schreibung *Τζάζων* gemutmasste germ. Grundform ist mit obigem *Tata* belegt.

[2] Beitr. VII, 197; ebenso Brugmann, Vgl. Gr. I, 384.

[3] Kögel a. a. O. 178.

[4] Kögel a. a. O. 177.

[5] Meyer, Langob., im Glossar.

[6] Meyer 267.

[7] Vgl. noch Diefenbach I, 81; J. Grimm, GddS 272, Kl. Schr. III, 412; Wackernagel, Kl. Schr. III, 410 f.

WILIHARI.

Ein Comes V, 23 im Acc. *Wiliarium.*

BACAUDA.

Dieser Name des Tribuns von Mailand V, 25 ist keltisch,[1] und Mommsen[2] erkennt in ihm überhaupt keinen Goten, wie Dahn.[3]

GUDWIN.

Ein Sajonenname V, 27 *Gudui* LP', *Guduin* P[1] und V, 30 *Gudui* L, *Guduin* P.

Schwund des Fugenvocals vor Halbvocal. Ist in *Gudui* nicht nur der Kürzungsstrich für *n* über dem *i* vergessen, dann liegt Vertauschung von *-wi(h)* und *-win* vor.

NEUDI.

Der Name eines Vir illustris, der V, 29 im Dativ *Neudi* L, *Heudi* P[1], *Nendi* P' lautet,[4] ist Hypocorismus mit dem *ja*-Suffix zu einem mit got. **niuþs* ags. *neód* as. *niud* ahd. *niot* „Verlangen“ [5] (dazu as. *niudsam* ahd. *nietsam* „angenehm“, mhd. *nietlîche* „mit Eifer“) componierten Vollnamen. Will man nach P[1] *Heudi* in *Theudi* bessern, so ist dazu auf S. 56 f. zu verweisen. Doch könnte *Heudi* auch für *Eudi* stehen und eine gleiche Koseform etwa zu *Eutharic* reflectieren. Man beachte wieder das ostgot. *eu*. Die Endung *-i* kann sowohl dem lat. Dat., wie dem unflectiert gebrauchten ostgot. Nomin. entsprechen.

---

[1] Vgl. z. B. Kremer, Beitr. VIII, 459. S. noch die Anm. u. „Totila“.

[2] NA XIV, 495, 6.

[3] Könige III, 175, 5. Ein gleichnamiger Westgote 652.

[4] Dahn, Könige IV, 164.

[5] Zimmer, Zs. XIX, 457, führt dies zwar als specifisch westgerm. Wort an, man vgl. jedoch hierzu seine eigenen Bedenken ib. 438.

ANDWIT.

V, 29 *Anduit*[1] als Gen., also unflectiert gebrauchter ostgot. Nomin. ohne *-s*. Denselben Namen führt ein wand. Presbyter, man vgl. daher Wand. 62;[2] doch kann das zweite Namenglied auch wulf. *-weit-* sein, dann wäre oben S. 95 zu vgl. und *Andwît* etwa = „Vergelter".[3]

OPPA.

V, 29 der Abl. *Oppane*. Diese Kosebildung *Oppa*, welche auch ein Westgote von 683 führt, kann nicht zu späterem deutschen *Oppa Oppo* gestellt werden, welche wohl aus ahd. *Otbert*, doch nicht aus ostgot. **Odabert* contrahiert werden konnten. Desgleichen verbietet sich die Annahme einer Assimilation aus **Opta* im Hinblick auf den S. 97 ff. behandelten *Optarith*, denn hier war ja *pt* nur ungerm. Schreibung für germ. *ft*, und eine Assimilation könnte allenfalls *Offa* ergeben, wie der Name im Ags. bekannt ist,[4] wird aber überhaupt unwahrscheinlich durch das secundäre *Optila* bei Jord. 43, 10, das die ursprüngliche Consonanz unangetastet zeigt. Will man daher *Oppa* nicht als *Ôppa* (mit hypocoristischem *pp*) fassen, d. i. ostgot. *Hôpa* < wulf. **Haupa* zu **haups* (neben **hûpa*[5]) „Haufe, Schaar," also als Koseform etwa zu **Haupareiks* o. ä.[6], dann wird Starks Annahme[7] einer keltischen Bildung die beste Lösung bleiben.

---

[1] Dahn, Könige IV, 150, hier *Ochar* genannt: geringere Hss. haben für *Anduit* rätselhaftes *Oceri*.

[2] Vgl. noch Wackernagel, Kl. Schr. III, 374.

[3] Der Name eines Amalen erscheint Jord. 111, 22. 126, 23 im Gen. als *Andagis Andages*. Es ist nicht einzusehen, weshalb Müllenhoff im Index den Nomin. als *Andag* herstellt: *Anda-gis* ist eine normale got. Namensform, zu deren zweitem Gliede oben S. 91 zu vgl. Der Vater dieses *Andagis* heisst Jord. 126, 24 im Gen. *Andele*, d. i. *Andelae Andilae*, und *Andila* ist secundärer Hypocorismus.

[4] Müllenhoff, Beovulf 71 ff.

[5] Kluge, EW[4] unter „Haufe".

[6] Vgl. *Opi, Hopi, Aopi* bei Förstemann I, 971.

[7] Kosenamen 118, 1.

COSTULA.

V, 30 *Costula*; derselbe Name, nur mit Suffixablaut, im *Costila* der Neap. Urkunde. Das gleichmässige *o* in beiden Quellen hindert die gewöhnliche Zusammenstellung mit got. *kustus* „Prüfung“ oder *gakusts* an. *kostr* as. *kust* ahd. *chost* „arbitrium“,[1] und Starks[2] keltische Deutung des Namens behält ihre Geltung.

DAILA.

V, 30 *Daila*. Da das Ostgot. altes *ai* zu *e* monophthongiert, so kann *Daila* nur *Dagila* sein mit Ausfall des spirantischen *g* vor folgendem *i* wie in *sajo*.[3] *Dagila*, auch Name eines Wandalen,[4] ist secundärer Hypocorismus eines mit got. *dags* an. *dagr* u. s. w. (in Namen etwa = „lux, splendor“) componierten Vollnamens.

BRANDILA.

Der Name eines Ehebrüchigen, über den Theoderic V, 32. 33 verhandeln lässt, lautet an beiden Stellen im Texte *Brandila*, in den Laterculis zu V, 32 *Blandila*. An. *brandr* ags. *brand* ahd. *brant;* für die Bedeutung vgl. mhd. *brant* „Brand, blitzendes Schwert“ und das aus dem Deutschen entlehnte gemeinromanische *brando* „Schwert“. Die Schreibung *Blandila* zeigt jüngeren romanischen Schreibereinfluss, indem postconsonantisches germ. *r* mit *l* verwechselt ist.[5]

PA(H)TJA.

Der Name eines got. Soldaten V, 32. 33 im Gen. *Patzenis* (al. *Pathenis*, *Pattenis*). Zur Schreibung *tz* s. oben

1 Dietrich 70.
2 Wiener Sitz.-Ber. LIX, 219 f.
3 Hochfränk. *Teino* < *Tagino*: Kossinna, QF XLVI, 19.
4 Wand. 62.
5 Stark, Kosenamen 59; Diez, Gr. I³, 311.

S. 72 f., zur Endung vgl. *Waccenem* S. 103, *Mazenis* S. 108. *Patja* kann für **Pahtja* stehen und der Name möglicherweise, „Pächter“ bedeutend, für eine frühzeitige germ. Entlehnung des lat. *pactum pactus* zeugen: vgl. mhd. *pfahte* neben *paht*.

WILITHANC.

V, 33 ein Dux *Wilitancus*. Die lat. Flexion entspricht dem Nomen agentis mit Suffix *a*.[1] Den ostgot. Abfall des Nomin.-*s* werden *Felithanc* und *Riccithanc* bezeugen.

LIUVIRITH.

Ein Comes unter Theoderic heisst V, 35 *Livvirit* L, *Liuuri* P[t], *Luitfrid* P[1]; dazu der Vir sublimis V, 39 *Liuerit* L[t], *Libertino* L[1]P. Die beiden ersten Schreibungen weisen auf got. *liubs* an. *ljúfr* u. s. w.: *Livvi-* ist *Liuvi-* mit *v* für spirantisches got. *b*; dagegen ist got. **hliwa-* (vgl. den *HlewagastiR* des goldnen Horns[2]) fernzuhalten, weil die Varien für inlautendes germ. *w* nur *v* schreiben. In *Liuerit* steht *u* für *uu* wie oben in *Aliulfo*.

STARCHEDI.

V, 36 der Dat. *Starcedio*. **Starce-dius* als wulf. **Starkiþius* zu lesen verbietet das *d*. Daher ist *Starc-edius* zu trennen, das ich als ostgot. *Starc-êdi*, wulf. **Stark-aiþeis* fasse, d. i. „der fest Vereidete“ (vgl. *uf-aiþeis*): an. *sterkr* ags. *stearc* u. s. w. und got. *aiþs* an. *eiþr* ags. *âþ* as. *êth* ahd. *eid*.[3] Man vgl. den Gotenführer *Argaithus* aus der Zeit Ostrogotas bei Jord. 81, 16 (dazu Müllenhoff im Index)

---

[1] Ebenso *Alatancus* CIL V, 8738, *Untancus* CIL VIII, 8650, letzterer mit privativem Präfix, vgl. Fick, Personennamen CXCIII.

[2] Burg 19. 21.

[3] Förstemann, Namenbuch I, 1121 ff. 581 ff. Zum zweiten Teil vgl. noch *Ediulf* oben S. 71, 4.

noch ohne Monophthongierung (ebenso ein Langobarde *Argait* bei Paul. hist. Langob. 173, 2. 4. 12).

SIGISMER.

VIII, 2 der Name eines got. Grafen im Acc. *Sigismerem.*

TOLWIN.

Der vornehme und mit dem Geschlechte der Amalen verwandte Gote *Tolwin* beteiligte sich an den Expeditionen 504 nach Sirmium, 510 gegen die Franken, 523 nach Gallien und ist der einzige Gote, welcher zum Patriciat gelangte.[1] Für seinen Namen citiere ich folgende Lesarten:

VIII, 9 *Tuluim* B	*Tuluin* Z	*Tholuin* G,
VIII, 10 *Tolu(i)n* B	*Toluin* Z	*Tolum* G^{b}T,
VIII, 25 *Tholui* B	*Tholui* Z	*Tholoni* G,
VIII, 25 *Toluit* B	*Tholuit* Z	*Tholoni* G,

weil sie ein deutliches Bild davon geben können, wie leicht ähnlich klingende zweite Namenelemente mit einander vertauscht werden: *win* (*-um* VIII, 10 G^{b}T = *-uin*; *-oni* VIII, 25 G = *oin*, wozu unter „Halbvocale"), *wih*, *wit*. Der erste Teil des Namens scheint mit seinem *o-* und *u-*Wechsel auf ostgot. *ǫ*, wulf. *ô* zu deuten und wäre dann mit an. *tól* ags. *tôl* „Werkzeug" identisch; und damit fiele die auch sonst unwahrscheinliche Etymologie Leos[2], der für letzteres Contraction aus *teovel* mutmasst. Jedenfalls spricht die sonstige Überlieferung des germ. kurzen *u* im Ostgot.[3] nicht für hier vorliegendes got. *þulan* an. *þola* ags. *þolian* as. *tholian tholôn* ahd. *dolên* mhd. *doln*, das hier etwa grade so zur Namenbildung verwandt wäre wie sonst seine dentale Weiterbildung (ahd. *dulten*)[4] und im übrigen die zahlreichen

---

[1] Dahn, Könige III, 29 f., Urgeschichte I, 291 f.; Mommsen, NA XIV, 515.

[2] Ags. Gloss. 129.

[3] Vgl. unter „Vocalismus".

[4] Förstemann, Namenbuch I, 1199.

mit gr. ταλαι- -τλας τλη- τολμο- gebildeten Griechennamen[1] vergleichen hiesse.

QUIDILA.

Quidila (im Acc. *-anem*) heisst VIII, 26. IX, 10 der Prior für die Goten in Reate und Nursia.[2] Seine Namensform wird bestätigt durch die Inschrift einer ostgotischen Fibel von Silber, gefunden in Casteldavio bei Mantua, angekauft von dem Antiquar Amilcar Ancona in Mailand; dieselbe lautet nach Mowat:[3] *Quiddila vivas in deo*; also derselbe Name wie der obige bei Cass., nur mit hypocoristischer Consonantendehnung. Ob *Quidila* als der „Schwätzer" zu got. *qiþan* an. *kveþa* ags. *cweþan* as. *queđan* ahd. *quedan* gehört oder zu got. *qiþus* an. *kviþr* ags. *cwiþ* ahd. *quiti*, bleibt dahingestellt; in letzterem Falle wäre an *Wamba*, *Mammo* u. ä., sowie an griechische mit γαστήρ gebildete Personennamen[4] zu erinnern.

SIBJA.

VIII, 26 der Vater des vorigen: *Sibia*; primäre Koseform (die secundäre im **Sibika* an. *Sifka* ags. *Sifeca* mhd. *Sibiche* der Heldensage) zu einem Vollnamen, der componiert war mit got. *sibja* an. *sifjar* (pl.) ags. *sibb* as. *sibbea* ahd. *sippa* (dessen ursprüngliche Bedeutung „Friede, Freundschaft"[5] hier erhalten sein mag) oder dem Adj. got. *sibjis* an. *sifr sifi* ahd. *sippi*.

DUMERITH.

VIII, 27 ein Sajo Athalarics *Dumerit* (so der Dat.).

---

[1] Fick, Personennamen 80. 135. 213.

[2] Dahn, Könige IV, 173, 4. Die Änderung in *Gudila* III, 66, 1 verbietet sich nach Obigem.

[3] Vgl. oben S. 86, 2.

[4] Fick 20. 161.

[5] Grimm, Rechtsaltertümer 467.

THANCA.

VIII, 28 der Abl. *Tancane.*

GILDILA.

Der Comes von Syracus unter Athalaric IX, 11. 14 *Gildila*; Koseform etwa zu *Winigild* o. ä.

WITIGISL.

IX, 11 *Witigisclus.*

WILIGISL.

IX, 12 *Wiligisclus.* Z schreibt *Ubili-*, wozu Henning, Runendenkmäler 113 zu vgl.[1]

WACCA.

X, 18 der Acc. *Waccenem.* Vgl. oben S. 102 f.

GUDELI(U)VA.

Von der Gemahlin des Theodahath, die nur hier genannt wird, rühren X, 20. 21. 23. 24 her: *Gudeliua* (al. *-lina, -uela*). Das zweite Glied *-liua* kann zunächst *-liva* = got. *-liba* mit spirantischem *b* und daher ein Nomen agentis mit dem Suffix *â* sein zu got. *liban* an. *lifa* u. s. w.; dann wäre an Holthausens **Requa-liva-hanus*[2] zu erinnern und an die zahlreichen Namen, welche dieselbe Wurzel mit starker Ablautsstufe enthalten (got. *laiba* an. *leif* as. *lêba* ahd. *leiba*). Wahrscheinlicher jedoch werden wir *-liua* als *-liuua* zu lesen haben wie oben S. 128 *Liuerit* als *Liuuerit* und S. 123 *Aliulfo* als *Aliuulfo*, d. i. *-liuva* = wulf.

[1] Mommsen transscribiert in der neuen Varien-Ausgabe germ. anlautendes *w* mit *VV*; nicht glücklich; wollte er die zunächst liegende Ligatur *W* durchaus vermeiden, wäre *Uv* die correcteste Dihärese gewesen.

[2] Vgl oben S. 77, 10.

liuba, dann ist nur auf *Here-leuva* oben S. 61 f. zu verweisen (*Gudeuela* X, 24 B verschrieben aus *Gudeleua*, d. i. *-leuva*), und der Name ist die movierte Form zu *Gudeleub* (s. u.).

RANILDI.

X, 16 heisst eine Gotin, welche zum orthodoxen Katholicismus übergetreten, *Ranilda*. Derselbe Name bei Marini Nr. 80, II, 4 ohne Syncope als *Ranihilda*. Sein erstes Compositionsglied hat letzthin Henning [1] ausführlich behandelt; er giebt ein reiches, kritisch gesichtetes Namenmaterial und knüpft an got. **rana* an. *rani* an, das die Schnauze des Ebers, vor allem aber in technischer Anwendung die keilförmige Spitze der nach dem Eberkopf als svînfylcing zubenannten Schlachtordnung bedeutet, so dass die Namen mit *rani-* sich dem Sinne nach zu denen mit *hari-* und *folc-* stellen.

WISIBADU.

Ein gotischer Graf aus edlem Geschlechte [2] heisst X, 29 *Visibadus* B, *Wisivadus* Z, *Winsibaldus* G. *Wisi-* ist nicht mehr an ahd. *wîsan* u. s. w.,[3] auch nicht mehr an ahd. *wisa* „pratum“ [4] anzuknüpfen, sondern entweder an das erste Compositionsglied der *Wisi-gothae* (s. o. S. 112, 1 und vgl. *Os-win*) [5] oder wahrscheinlicher an das in Eigennamen allen Indogermanen geläufige **wesu* „gut“ wulf. **wisu-* ostgot. *wisi-* (vgl. ai. *vásu-* av. *vohu-* illyr. *ves-* agall. *vesu-* ahd. *wisu-*).[6] Für den zweiten Teil des Namens ist nach den von einander unabhängigen B und G der Anlaut *b-* zu acceptieren und *v-* in Z durch Vertauschung von *-wath* und *-badu* zu erklären, wozu oben S. 115 zu vgl.

---

[1] Runendenkmäler 10 ff. 135 ff.
[2] Dahn, Könige III, 28. IV, 165.
[3] Wand. 48.
[4] Henning, DLZ 1887, Sp. 1550; Müllenhoff, DA II, 216.
[5] Ehrismann, Literaturblatt 1887, Sp. 468.
[6] Kögel, ib. 108; Brugmann, Vgl. Gr. II, I, 25.

DAN.

XI, 10 erscheint der Dänenname als Personenname für einen kranken Famulus, wie oben S. 116 der Wandalenname. Lat. *Danus* (der Gen. *Dani* ist überliefert) = wulf. **Dans* (wie **Guts* „der Gote") ostgot. *Dan*; man vgl. denselben Namen in den dänischen Königslisten und sonst Müllenhoff, Beovulf 29 f. 34 ff.

TULGILO.

An das damit abgeschlossene ostgotische Namenmaterial aus den Varien schliesst sich zunächst die Urkunde Nr. 114 bei Marini, die aus den Jahren 539—546 stammt und über den Grundstückverkauf einer Witwe *Tulgilo* ausgestellt ist.[1] Der Name der letzteren lautet 21. 39. 76 *Thulgilo*, 79 *Tulgilo*, 99 im Abl. *Tulgilane*. *Tulgilô* ist secundärer Hypocorismus Feminini[2] zu einem Vollnamen, dessen eines Glied zu got. *tulgus* „fest, standhaft", as. *tulgo* „sehr" gehört.[3]

WITTERITH.

Ib. 14 *Witterit*. Der gleiche Name lautet für einen Wandalen bei Vict. Vit. *Vitarit*.[4] *Witterith* mit hypocoristischem *tt*.

HILDEBADU.

Der Commandant von Verona, Oheim des Totila und Neffe des Theudi, wurde 540 durch die nördlich vom Po ansässigen Goten auf den Tron berufen, blieb in hitzigem Gefecht Sieger gegen den kaiserlichen Feldherrn Vitalius, starb aber bald durch Meuchelmord: *Heldebadus* Marcell., Jord. (al. *Elde-*, *Hilde-*), Paul. (al. *Hilde-*), Ἰλδίβαδος Proc.

---

[1] Dahn, Könige IV, 183.

[2] Der primäre Masc. z. B. im Namen eines Westgotenkönigs *Tulga* Fredeg. 121, 20. 162, 20. 163, 1.

[3] Förstemann, KZ III, 117, denkt an an. *dolg* u. s. w., was an dem Anlaut des Namens scheitert.

[4] Wand. 68.

SENDEFARA.

Eine Inschrift aus Dertona vom Jahre 541[1] liefert den Namen *Sendefara*. Zum Wurzelvocal des ersten Gliedes vgl. *-suentha* und unten u. „Vocalismus". Das zweite Glied liegt noch in *Theudifara, Wilifara* vor und bezeugt mit diesen das Femininum trotz dem in der Inschrift folgenden „*qui vixit*", welches ein im späteren Inschriftenlatein keineswegs vereinzelter grammatischer Fehler ist;[2] *-fara* ist Nomen agentis mit dem *â*-Suffix zu got. ags. as. ahd. *faran* an. *fara* und als solches formell identisch mit dem Abstractum an. *fǫr* ags. *faru* ahd. *fara*.[3] Sonst vgl. man Förstemann, Namenbuch I, 398 ff. und griech. Namen wie Ἔμ-πορος, Τηλέ-πόρα.[4]

SEDA.

Eine ravennatische Inschrift von 541[5] nennt den bei Theoderics Tode 25jährigen Vir sbl. *Seda ignucus et cubicularius regis Theoderici*. *Sęda* ist primäre Koseform eines mit got. *sidus* an. *siþr* ags. as. *sidu* ahd. *situ* componierten Vollnamens. Man vgl. schon den Quaden *Sido* bei Tac. Ann. 12, 29, ferner Förstemann, Namenbuch I, 1110 f. und griech. Namencomposita mit ἦθος.[6]

TOTILA.

Nachfolger des Witigis oder genauer des Hildebadu wurde der Neffe des letzteren, Totila (541—552). Die grosse Schlacht bei den Busta Gallorum 552 brachte ihm den Heldentod.

---

[1] CIL V, 7414.

[2] Vgl. unten S. 155.

[3] Zimmer, QF XIII, 250. Das Masc. zu obigem *-fara* in ahd. *ein-far* (Graff III, 574) „solivagus".

[4] Fick, Personennamen 133.

[5] CIL XI, 310.

[6] Fick 114.

Die Form seines Namens steht als *Totila* fest. Über die graecisierte Endung in gelegentlichem *Totilas* vgl. unter „Declination". Grimm[1] und danach Wackernagel[2] fassten *Totila* als Koseform auf, welche im Ablautsverhältnis zu *Tata* stehe und wie dieses nichts als ein zärtliches „Väterchen" oder dgl. besage. Aber wenn *Tata*[3] als interjectionales Kinderwort einen Naturlaut wiedergeben soll, der ausserhalb der Lautgesetze steht und deshalb der Lautverschiebung entbehrt (gr. *τάτα* lat. *tata*), dann scheint es fraglich, ob man ihn andrerseits für ablautsfähig halten darf. Später[4] nahm Grimm *Totila* ahd. *Zuozilo* als Spottnamen in der Bedeutung „Nase".[5] Stark endlich[6] will „Pracht, Ruhm" etymologisieren und citiert an. *tútna* „tumescere" ags. *tôtjan* „eminere" *getôt* „pompa". Alle diese Deutungsversuche nehmen germ. got. *ô* der Wurzelsilbe an, und wenn wir letzteres als ostgot. *ộ* schon öfter in der lat. Transscription zwischen *o* und *u* schwanken sahen, so findet sich auch hier die Schreibung *Tutila* wenigstens bei Fredeg. und Agnell., *Tutela* neben *Totila* in der Epit. Justin. Trotzdem versuche ich eine andre Erklärung. Denn es muss auffallen, dass alle die älteren lat. Quellen diesen *o*- und *u*-Wechsel absolut nicht kennen, auch nicht in isolierten Varianten, dass Marcell., welcher doch *Ebremud* und *Ruderit* schreibt, Jord., dessen Hss. zwischen *-muth* und *-moth* wechseln, Greg. Magn., welcher *Ruderic* überliefert, Vict. Tunn., Isid., Paul. u. s. w. in dem vorliegenden Namen ganz constantes *o* geben; eine fest gewordene amtliche Schreibung kann hier nicht vorliegen wie bei ständigem *Theodericus, sajo* u. s. w., denn die amtliche Form des Königsnamens war gar nicht *Totila*,

---

[1] GddS 272.

[2] Kl. Schr. III, 416.

[3] Vgl. oben S. 124.

[4] Zs. VI, 540.

[5] Trotz des kurzen *o* in „an. *tota* nasus, rostrum"; Cleasby-Vigfusson 638 übersetzt „teat or teat-like protuberance". Grimm hätte daher besser an *túta* (Cleasby 645 „a teat-like prominence") angeknüpft, welches als Zwergname belegt ist.

[6] Kosenamen 150, 1.

sondern *Baduila*, wie die Münzen zeigen. Mögen daher auch die späteren Fredeg. und Agnell. mit ihrem *Tutila* eine Vertauschung bezeugen mit dem aus ahd. *Zuozo Zuozilo* u. ä. bekannten Namengliede (der *Tutela* der Epit. neben *Totila* beruht auf Einfluss des lat. Abstractums), so scheint doch das feste *o* der älteren Lateiner nicht auf ostgot. *ǫ̂*, sondern ostgot. *ô* < wulf. *au* zu weisen. Freilich für *Totila* < **Tautila* verlässt uns wieder die germ. Etymologie. Aber der König führte einen zweiten Namen, gleichfalls in der Form eines secundären Hypocorismus, eben *Badwila*, und dieser kann dafür sprechen, dass älteres *Totila* schon damals den Goten unverständlich geworden war und deshalb einen inhaltsreicheren Ersatz forderte. Ich deute *Totila* aus dem Keltischen. Die idg. Diphthonge *au* und *eu* sind im Kelt. zusammengefallen, vgl. got. *rauþs* mit gall. Namen wie *Roudus Anderoudus* und andrerseits got. *þiuda* mit gall. Namen wie *Toutus Toutobocio.*[1] Und so identificiere ich das ostgot. *Totila* mit dem kelt. *Toutela Toutillus*,[2] welchem eben ein mit got. *þiuda* urverwandtes kelt. **touta* zu Grunde liegt (air. *túath* cymr. bret. *tut* corn. *tus*). Den Namen eigneten sich die Goten in früher Zeit regen Verkehrs mit den Kelten an, aus welcher alle ihre keltischen Namen stammen; kelt. *Toutila* wurde germ. *Tautila* und ostgot. mit Monophthongierung *Totila*,[3] das also in seiner Function mit got. *Theudila* ursprünglich identisch ist.

BADWILA.

Im Gegensatz zu obigen Andeutungen hat man *Badwila*, den andern Namen des Königs, sonst meist für den ursprünglicheren gehalten und *Totila* als späteren Beinamen

---

[1] Zeuss-Ebel, Gr. celt. 34; Brugmann, Vgl. Gr. I, 56. 77.

[2] Zeuss-Ebel a. a. O.; Brugmann II, I, 33.

[3] Letztere ist in dem gleichfalls keltischen *Bacauda* (oben S. 142) unterblieben, da dasselbe noch vollkommen als Fremdwort erkannt und gefühlt wurde; *Bacaudae* als Name eines Volksstammes z. B. bei Salvian, einer Partei z. B. bei Eutrop u. s. w.

aufgefasst, namentlich aus dem Grunde, weil die erhaltenen Münzen des Königs allein den ersteren tragen.[1] Aber es müsste auffallen, in dem jüngeren Zunamen *Totila* eine etymologische Schwierigkeit vor sich zu haben, während das ältere *Badwila* an sich schon eine hypocoristische und dabei etymologisch klare Benennung repräsentiert. Umgekehrt jedoch ist alles klar: der König hatte von Hause aus den Namen *Totila* und war unter diesem allgemein bekannt, wie die Historiker beweisen (*Badwila* als alleiniger Name nur bei Mar. Avent., *Badwila* neben *Totila* bei Jord., Lib. pontif., Paul., Vita Laurent., sonst immer nur *Totila*); das jüngere *Badwila*, welches das unverstandene *Totila* zu ersetzen hatte, wurde dann vom König auch als seine amtliche Namensform acceptiert und deshalb auf die Münzen geschlagen. Und mit dieser Auffassung des Doppelnamens stimmt auch die in der ältesten Quelle überein: „*Totila qui Baduila*“ heisst es Jord. 50, 29, nicht umgekehrt.[2]

Die Überlieferung giebt gleichmässig *Baduila*, mit *u* für germ. *w* im Inlaut wie gewöhnlich, so die Historiker (nur im Lib. pontif. steht statt des secundären Hypocorismus der primäre *Badua*), so die Münzen[3] (vereinzelt *Baduela*, einmal *Badwila*, zweimal *Baduil*[4], auf dem Freilaubersheimer Exemplar *Baduilla*[5]).

BLEDA.

Die Sieger von Mucella 541 sind *Bleda, Ruderic, Wiljarith*. Zu letzterem (*Οὐιλίαρις* Proc., *Viliarid* Marcell.) vgl. oben S. 87 ff.

Bleda (Marcell., vgl. ebenso den gleichnamigen Bruder des Attila bei Jord.), *Βλέδα* (Proc.) ist immer zu got. *bleiþs* „gütig, mitleidig“ an. *blíþr* ags. *blîþe* as. *blîđi* ahd. *blîdi* gestellt worden;[6] dann wäre bei Proc. die Vocalschreibung

[1] Grimm, Zs. VI, 540; Wackernagel, Kl. Schr. III, 416.
[2] Vgl. hierzu Wackernagel a. a. O.
[3] Friedländer 12. 45.
[4] Friedländer 12, Münzen der Wandalen 45.
[5] Henning, Runendenkmäler 79.
[6] Förstemann, Namenbuch I, 267 ff.

die gleiche wie in seinem *'Ρεκιμουνδος*, und für den Dental wären die Varianten bei Jord. zu beachten: *Bleta*, d. i. *Bletha*. Aber das constante *e* der Lateiner spricht nicht für diese Deutung, und vielleicht stammt *Bleda* aus hunnischem Sprachschatze.[1]

RUDERIC.

Ruderit Marcell., *'Ρουδοριχος 'Ρουδέριχος* Proc., *Ruderic* (al. *Roderigo Rudirig Ruderid Ruodirich*) Greg. Magn.

Das erste Glied zu got. **hrôþs* (*hrôþeigs* „siegreich") an. *hróþr* (*hróþigr* „ruhmvoll") ags. *hrêþ* „Ruhm" (as. ahd. *hrôm*), das in zahllosen germ. Namen erscheint;[2] hier mit Schwund des *h*, mit *u* für ostgot. *ộ*, mit jüngerem *d* und Schwächung des Fugenvocals.

SISIFRITH.

Σισίφριδος (Proc.) 545 Commandant in den cottischen Alpen.

RICIMUND.

'Ρεκιμουνδος (Proc.) 546 Befehlshaber in Bruttien.

USDA.

546 *"Οσδας* „*Γότθων ἁπάντων μαχιμώτατος*" (Proc.). Primäre Koseform zu einem ursprünglichen Vollnamen, der mit got. **uzda-* an. *oddr* ags. as. *ord* ahd. *ort* „Spitze, Waffenspitze"[3] componiert war.[4] Gehört zu letzterem auch der *Ustarric* einer Inschrift von Catina[5] als ostgot. *Usda-ric*?

Um 551 wurde von Marini und Pertz die bekannte got. Urkunde von Neapel angesetzt, und deshalb sei

---

[1] Vgl. oben S. 12.
[2] Förstemann, Namenbuch I, 715 ff.
[3] Zimmer, QF XIII, 61; Wand. 42 f.
[4] Förstemann 971 ff.
[5] CIL X, 7116.

ihre Behandlung hier samt der vielleicht noch etwas älteren Urkunde von Arezzo eingereiht. Dass wir in dem Gotisch dieser beiden Urkunden[1] nicht den volkstümlichen Dialect aus der Mitte des 6. Jahrhs. sehen dürfen,[2] folgt sofort aus den Abweichungen, welche der Lautstand der Gotennamen in ihren gotischen Teilen gegenüber dem in ihren lateinischen Teilen aufweist. Man muss vielmehr in erster Linie bedenken, dass die Aussteller Leute geistlichen Standes sind;[3] Geistliche, wie sie die Verfertiger, d. h. die mechanischen Abschreiber der got. Bibelhss. waren, haben das ihnen dorther geläufige Gotisch hier wie eine Art Geheimschrift zu ihren Unterzeichnungen angewandt gegenüber dem sonst überwiegenden Latein. Man kann diese got. Stellen also nur mit ähnlichen gelegentlichen griech. Umschriften in den Urkunden Marinis vergleichen und darf nicht aus ihnen den allgemeinen Schluss ziehen, dass das Gotisch noch als schriftliche Geschäftssprache im Gebrauch gewesen sei; alle sonstigen historischen Kriterien sprechen gegen eine derartige Annahme. Die Sprache der beiden Urkunden ist also eine archaisierende, stimmt mit derjenigen der Bibelüberlieferung überein, und wir haben hier von ihr nur dasjenige zu betrachten, worin sie von der wulf. Grammatik abweicht. Das ist unter ihren appellativen Bestandteilen nur mit dem Titel *diakôn* der Fall. Wulfila flectierte *diakaúnus* ganz als *u*-Stamm (Pl. nom. *diakaúnjus*, acc. *diakaúnuns* 1. Tim. 3, 8. 12), während in der Neapeler Urkunde Sunjefrith den Nomin. got. *diakôn* schreibt und der Dat. zweimal als *diakuna*, zweimal als *diakôna* erscheint. Wulfilas Gotisierung nach der *u*-Declination ist also einer solchen nach der *a*-Declination gewichen. Dass aber statt des zu erwartenden got. **diakôns* hier *diakôn* ohne Nom.-*s* auch in got. Schrift vorliegt, ist für dieses ostgot. Auslautsgesetz eine neue gewichtige Stütze auch aus dem Bereiche der Nomina appellativa! Alle sonstigen Gotica der beiden Urkun-

[1] Bei Marini Nr. 119. 118. Massmann, Die got. Urk. v. Neap. u. Arezzo, Wien 1838. Sonst bei Bernhardt und Heyne.

[2] So Bernhardt, Wulfila 649.

[3] Vgl. oben S. 3. 15.

den richten sich ganz nach der überkommenen wulf. Grammatik. In der Bibel nicht belegt sind davon *papa*, das Quellwort für das ahd. *pfaffo*[1] (doch im got. Kal. der Acc. *papan*), *ufmêljan*, *skilliggs*, *kawtsjô*, (ein in dieser seiner got. Transscription sehr lehrreiches Lehnwort, worüber unter „Vocalismus" und oben S. 73 zu vgl.), *gahlaifs* (Wulfila hat nur das schw. *gahlaiba*), *frabaúhtabôka*, *unkja*, *hugs*.

Im Anschluss an die hier erwähnten Appellativa seien, bevor ich zu den Gotennamen der beiden Urkunden übergehe, die sonstigen ausserbiblischen got. Sprachbrocken erwähnt. Für das gewiss ostgotischer Feder entstammende Wort *wulþr-* im Cod. Brixianus der Itala, einen Term. techn. für die richtigere Lesart, genügt es, auf Haupt[2] und Bernhardt[3] zu verweisen. Das Wort (auch Gal. 2, 6: *ni waíht mis wulþris ist*) erscheint hier leider nur in lat. Flexion: *super vulthre*, *in ipso vulthre*, *in vulthre*, *ipsos vulthres*. Diese aber weist auf einen *i*-Stamm (ebenso wie die Var. *wulþrais* im Cod. A Gal. 2, 6). Wie got. *wulþus*, *wulþags* zeigen, ist in *wulþrs* das *r* ableitend. Da jedoch im Germ. ein Suffix *ri* nur zur Bildung von Adjectiven bekannt ist,[4] so wird das Subst. **wulþrs* nur das ursprünglich substantivierte Adj. *wulþrs* „wichtig, wert" (Mt. 6, 26) sein, für dessen *i*-Flexion auch die allein belegte Comparativform *wulþrizans* sprechen kann. Die Parallele zwischen *wulþ-ri-* und *wulþ-us wulþ-ags* ist daher die gleiche wie die zwischen *skei-ri-* und *skei-ma*, *skei-nan*, zwischen *mê-ri-* und Osthoffs Wz. *mê-*[5], zwischen an. *vitr* (gr. ἴδρις) und ags. *wit* ahd. *wiz*.

Dagegen gestatten die bisherigen Resultate über den ostgot. Dialect bereits die Folgerung, dass der got. Trinkspruch in dem Gedichte „De conviviis barbaris" der Anthologia latina[6] nicht ostgotischer Zeit entstammt. Dasselbe lautet:

---

[1] v. Raumer, Zs. VI, 408, dazu XXV, 99.
[2] Berl. Ind. lect. 1869 (Opusc. II, 407).
[3] Zs. f. d. Phil. II, 297.
[4] Kluge, Nomin. Stammbildg. § 197.
[5] Beitr. XIII, 431 ff.
[6] Ed. Riese I, 285, p. 187.

Inter eils goticum scapia matzia ia drincan
Non audet quisquam dignos edicere versus.
Calliope madido trepidat se iungere Baccho,
Ne pedibus non stet ebria Musa suis.

Die richtige Deutung der got. Teile steht bei Dietrich 26, sie würden wulfil. aussehen:

... *hails* ... *skapei jah matjan jah drigkan.*

Schwund des got. *h* und die Assibilation in *matzia* sind nichts Auffallendes. Aber wulf. *hails* müsste ostgot. (*h*)*el* lauten mit Monophthongierung und Abfall des *s*! Deshalb bleibt der got. Hexameter einer vorostgotischen Zeit in Italien, vermutlich der westgot. Periode Alarics (410) zugewiesen. (Sonst vgl. man zu dem Diphthong in *eils* das wand. *ei* < wulf. *ai*, Wand. 95).

Und nun zu den Eigennamen in den beiden got. Urkunden, die wegen ihres doppelten Vorkommens in got. und lat. Transscription besonders interessant sind. Ausser Betracht bleiben die ungotischen *Petrus*, *Defensor*, *Vitalianus*, *Paulus*, *Minnulus*,[1] *Danihel*, *Costila*,[2] *Hosbat*,[3] *Benenatus*, *Constantius*, *Leontius*, *Donatus*. Behandelt sind von uns bereits *Optarit* und *Uftahari* oben S. 97 f., *Wiliarit* und *Wiljariþ* S. 87 f.

SUNJEFRITH.

Suniefridus im ersten allgemeinen lat. Teil, *Sunjaifriþas* in seiner got. Unterschrift. *Suniefridus* für wulf. **Sunjafriþs* mit abgeschwächtem Fugenvocal, tönender Spirans *d* (im Inlaut) und lat. Endung. Dem lat. *Sunie-* entspricht das got. *Sunjai-*, d. i. *Sunjaí-*[4]. Das got. *-friþas* enthält sicher einen Fehler: es bleibt unentschieden, ob es nur für *-friþus* (als blosse Umschrift der vorhergehenden lat. Form) verschrieben oder ob ostgot. *-frith* falsch als wulf. *-friþas* reconstruiert ist. Jedenfalls ist Bernhardt[5]

[1] Keltisch: Stark, Wien. Sitz.-Ber. LIX, 220.
[2] Keltisch: oben S. 127.
[3] Keltisch: Stark a. a. O.
[4] Vgl. unter „Composition".
[5] Wulfila 651.

und Kremer[1] nicht beizupflichten, wenn sie *-friþas* als Nebenform des schwachen Mascul. auffassen (vgl. *satanas, Vulfilas* u. s. w.); denn der zweigliedrige Name kann nur auf ein starkes Adj. endigen, ferner würde dann auch die lat. Schreibung *-frida(s)*, nicht *-fridus* sein müssen.

THEUDILA.

Theudila zweimal in lat. Teilen, davon einmal in seiner eignen Unterschrift. Man beachte das ostgot. *eu*.

MIRICA, MERILA.

Mirica im ersten allgemeinen lat. Teil, *Mêrila* in seiner got. Unterschrift. Vertauschung der beiden hypocoristischen Secundärsuffixe.

SINDILA.

Sindila im ersten allgemeinen lat. Teil, *Sinthilanis* (Gen.) in lat. Unterschrift. Wiederum Schwanken in der Wiedergabe der Spirans. Gegenüber *Sindila* zeigt der *Sindula* der Epist. pontif. Suffixablaut.[2]

GUDELEUB.

Die Neapeler Urkunde hat in lat. Teilen *Gudeliuus,* Gen. *Gudeliui,* die Arezzoer im ersten allgemeinen lat. Teil zweimal *Gudilebus*, in der got. Unterschrift *Gudilub* (so der erste Druck bei Gori: die Urkunde ist seit mindestens 1731 verschwunden), in den lat. Unterschriften die Ablative *Gudilebo*, *Gudiliuo*, Hierzu stelle ich noch den Dat. *Gudilevo* bei Ennod.

Massmanns Herstellung *Gudilaib* an der got. Stelle ist mir nicht wahrscheinlich; ihr könnten zwar die *-lebus*

---

[1] Beitr. VIII, 448.

[2] Stark, Kosenamen 56, 2. Wand. 39.

-levus als ostgot. Monophthongierungen entsprechen,[1] nicht aber die *-liuus*, für welche dann Vertauschung zweier Namenelemente der einzige Ausweg wäre. Massmanns Lesung erfordert, das zweite *u* im got. *Gudilub* als verschrieben aus *a* anzusehen und Ausfall eines *i* anzunehmen: ich behalte nur letzteren bei, rette jedoch das *u* und lese *Gudiliub*. Aus dessen Latinisierung **Gudiliubus* erklären sich ohne weiteres *Gudiliuus* (vgl. in derselben Urk. got. *Kaballarja*, lat. *Caballaria* und *Cavallaria*, sowie oben S. 128 und S. 131), *Gudileuus* (mit ostgot. *eu*), aus letzterem *Gudilebus*; und *Gudiliub* (man beachte das Fehlen des Nomin.-*s* an der got. Stelle) ist das Masc. zu der oben behandelten *Gudeliva*, *-leuba*. Wer ängstlich *Gudilub* bewahren will, der nehme gegenüber den andern Stellen Vertauschung an von wulf. *liufs* mit einem Nomen agentis des Stammes, der in an. *lofa* ags. *lofian* as. *lobôn* ahd. *lobôn* vorliegt, und denke an got. *galubs* „kostbar“, auch ags. *lufu* „Liebe“.

GUDERITH.

In lat. Teilen der Neap. Urk. *Guderit*, als Nom. und Gen., also endungslos. Ebenso ein got. Freigelassener *Guderit* bei Marini Nr. 80, II, und ein *Guderit* auf einer Inschrift von Aquileja.[2]

MALATHEU.

Im ersten allgemeinen lat. Teil der Neap. Urk. *Malatheus*. Kremers[3] Etymologie des ersten Teils als **maþla-* oder **malwa-* entbehrt für den dann nötigen Consonantenschwund jeder ostgot. Analogie. Will man nicht *Mata-* oder *Amala-* bessern, so bleibt an keltische Bildungen zu erinnern.[4]

---

[1] v. Grienbergers neuste Lesung got. *Gudilaib* (Germ. XXXIV, 411) bedarf kaum der Erwähnung. Vgl. oben S. 62, 1.

[2] CIL V, 1588.

[3] Beitr. VIII, 449.

[4] Stark, Kosenamen 49.

ALAMUD.

In der Neap. Urk. viermal der got. Dat. *Alamôda*, in der Arezzoer derselbe einmal und zweimal *Alamud* als Acc. und als Nom. Der erste Teil des Namens ist derselbe wie in got. *ala-mans ala-þarba,* an. *al-vita al-eyþa al-dauþa,* as. ahd. *al-ung,* ahd. *ala-wâri ala-niuwi,* mit verstärkender Function (omnium, inter omnes [1]); seine ostgot. Färbung *ale- ali-* ist aus diacritischen Gründen unterblieben (vgl. ostgot. *ali* < wulf. *alja-* oben S. 123 f.); ebenso in den inschriftlichen *Alatancus Alagildus.*[2]

WILLJENANTH.

Der Geistliche *Minnulus* des ersten allgemeinen lat. Teils der Neap. Urk. unterzeichnet sich mit einem zweiten, gotischen Namen, *Willienant.* Das erste Glied mit hypocoristischem *ll.*

IGILA.

Ebenso unterschreibt der im Anfang der Urk. *Danihel* Genannte sich am Ende als *Igila.* Die Etymologie bleibt dunkel.[3] Vielleicht liegt eine Scherz- oder Spottbenennung vor ähnlich wie in *Wisand,* und man hat an got. **igils* „Igel" anzuknüpfen[4] (an. *igull* ags. *igl îl* ahd. *igil*).

ANGELFRITH.

In der Urkunde von Arezzo *Angelfrid* .... corrumpiert, vermutlich aus latinisiertem *-fridus.* Das erste Glied stellt sich entweder zu got. *aggilus* an. *engell* ags. *engel* as. ahd. *engil*[5] oder wahrscheinlicher zu dem Volksnamen der Angeln.[6]

---

[1] Grimm, GddS 498.

[2] CIL V, 8738. 8760.

[3] Vgl. Wand. 47.

[4] Burg, Runeninschr. 124, 2.

[5] Vgl. S. 103 und Förstemann, Namenbuch I, 89 ff.

[6] Müllenhoff, Beovulf 30; Schröder, Anz. XII, 181; Seelmann, Nd. Jahrb. XII, 23.

SCIPWAR.

An die got. Urkunden schliessen sich der Chronologie gemäss wieder einige Namen aus Proc. *Σκιπουάρ* nennt er einen Getreuen Totilas, welcher 551 vor Ancona die grosse Seeschlacht gegen Johannes mit verlor und welcher 552 seinen tötlich verwundeten König aus dem Schlachtgetümmel rettete und verzweifelt verteidigte. Eine normale Namenbildung aus got. an. *skip* ags. as. *scip* ahd. *scif scef* und dem oben S. 82 f. behandelten Nomen agentis und vielleicht ein bezeichnender Zuname in Bezug auf jene Seeschlacht, formell aber nicht identisch mit dem an. *skipveri* pl. *skipverjar* „Schiffsmann".[1] Wir wissen, dass Theoderic eine Kriegsflotte von tausend Dromonen bauen liess.

GIBILA.

Vor Ancona werden die Goten ausser von *Scipwar* noch von *Gibila* und *Gundwulf* commandiert. Wenigstens wird *Γίβλας* bei Proc. nicht anders als *Gibila* zu fassen sein.

GUNDWULF.

Proc.: „*Γουνδούλφ, ὅσπερ ..... τινὲς δὲ αὐτὸν Ἰνδούλφ ἐκάλουν*", also wiederum ein Doppelname. Die wiederkehrende Variante *Γουνδουλ* (ebenso *Ἰνδουλ*) kann auf romanischen Einfluss hindeuten (vgl. frz. *Arnoul, Raoul* u. ä.[2]).

HILDWULF.

Jenes etymologisch rätselhafte *Ἰνδούλφ* wird an drei Stellen von der Variante *Ἰλδούφ* begleitet und daher in *Ἰλδουλφ* zu bessern sein.

GOAR.

Einen Goten nennt Proc. jenen *Γόαρ*, der als Gefangener nach Byzanz gekommen war und sich 552 zu den Gepiden

[1] Müllenhoff, Zs. XVI, 155.

[2] Diez, Gr. I[3], 324.

siegreich durchschlug. Aber sein Name ist ungotisch. Denn schon in den Jahren 406. 412 erscheint ein Alane gleichen Namens[1], und Alanennamen wie *Eochar*, *Beorgar* zeigen die gleiche Endung. Vgl. den „alanisch benannten Goten" *Aspar*.[2]

USDRILA.

Der *Οὐσδρίλας* bei Proc. vom Jahre 552 bleibt in dieser Form dunkel; denn die Lesart *Οὐσδίλας*, welche Förstemann[3] nach Grimm aufführt und welche den Namen zu dem primären *Usda* (oben S. 138) stellen würde, existiert in der Bonner Ausgabe nicht. Vielleicht steht *Οὐσδρίλας* mit der im Griech. nicht vereinzelten Verwechslung von *τ* und *δ*[4] für *Οὐστρίλας*, *Οὐιστρίλας*, und *Wistrila* wäre Koseform aus einem mit got. **Wistra-* gebildeten Vollnamen.[5]

DARIDA.

Es folgen einige Namen aus der Zeit Totilas, welche in Gregors des Grossen Dialogen überliefert sind. So der Dux Gothorum *Darida*. Schon Förstemann[6] stellte *Darila Daroin Derlindis Tarro Tara Tarit Tarut* zusammen und knüpfte an an. *dǫr* „hasta" an. *Darida* ist die ostgot. Entsprechung zum an. *darraþr*[7] ags. *dearod* ahd. *tart* mit Suffixablaut[8], mit jüngerem *d* (wulf. *þ*) und schwacher Flexion. Das Stammwort, an. *darr* n., später *dǫr* m., gehört nicht zur Wurzel *dars* „wagen",[9] sondern zu ahd. *terren* got. **darjan* „beschädigen, verletzen", und *Darida Darraþr* u. s. w. ist „der Schädiger". Grade zur Bildung

---

[1] Dahn, Könige I, 263.
[2] Müllenhoff, DA II, 377.
[3] Namenbuch I, 973.
[4] Blass 81.
[5] Förstemann, Namenbuch I, 1278.
[6] KZ III, 308.
[7] Cleasby-Vigfusson 96.
[8] Ein weiterer Beleg zu Sütterlin, Nom. ag. 18.
[9] Fick, Vgl. Wörterb. III³, 145.

solcher Kenningar, besonders für Götter- oder Spottnamen, diente das Suffix *uþ aþ iþ* gern, wozu besonders an. Nomina agentis wie *varþaþr, bautuþr* u. v. ä. zu vgl.[1] Für die vorliegende Form des Suffixes vgl. man den Namen des Gepidenkönigs *Fastida* bei Jord. 83, 4. 19 u. ä.[2], zu seiner schwachen Form auch an. *edda* < got. **aiþidô*.[3]

RIGGO.

Für den Spatharius Gothus *Riggo* sollte man *Rico* oder *Ricco* erwarten (mit latinisierter Endung und hypocoristischer Gemination) oder herstellen[4], da auch der *Ruderic* bei Greg. die Varianten *Roderigo*, *Rudirig* zeigte. Aber wenn das eddische Gedicht den Heimdallr als *Rígr* auftreten lässt und Müllenhoff[5] Recht hatte hierin keltische Lautgebung zu sehen, so mag dieselbe Erklärung auch eine Emendierung des vorliegenden Gotennamens ersparen. Ein *Rigmund* auch im Onomasticon des Smaragd[6], und sonst *-rig* neben *-ric* als häufige Variante.

WULTH.

Ib. der Name *Vul*, al. *Vult Vuld*; kein primärer Hypocorismus, welcher **Vulda* lauten müsste, sondern das oben S. 85 statuierte Adj. selbst in starker Flexion (wulf. **wulþs*) als ehrender Beiname, identisch mit dem an. *Ullr*.[7]

BLIDIN, WIDIN.

Ib. *Blidin,* al. *Blindin*, eine dunkle Bildung. Bei Paul. in der Langobardengeschichte erscheint später ein Gote

---

[1] Kluge, Nominale Stammbildungslehre § 29^b, auch Feminina § 43. Sütterlin, Nom. ag. 14 ff.

[2] Stark, Kosenamen 58, 2.

[3] Burg, Runeninschr. 108.

[4] Ein Burg. *Rico* bei Wackernagel, Kl. Schr. III, 407.

[5] Zs. XXX, 247.

[6] Zs. I, 389.

[7] Bachlechner, Zs. VIII, 203.

Widin[1], welcher gegen Narses rebelliert, aber von ihm geschlagen und nach Constantinopel geschickt wird. Ich möchte *Blidin* und *Widin* für dieselbe Person halten, mag nun ihr Name in der einen Quelle fehlerhaft sein oder eine Vertauschung zweier Namenelemente vorliegen: got. *bleiþs* (oben S. 137) und got. **widus* (oben S. 69). Den Ausgang *-in* lese ich als *-ui* und verweise auf S. 74 f.

ZALLA.

Ib. *Zalla* (al. *Tzalla*).[2] Das *z* ist die geläufige romanische Assibilation, das *ll* hypocoristisch, das Ganze eine primäre Koseform, zu welcher die secundäre als *Tzalico,* d. i. got. *Talica* noch begegnen wird. Vgl. got. *un-tals* „unfügsam"; die zu Grunde liegende Wurzel nach Fortunatow[3] auch in gr. *δαί-δαλ-ος δαι-δάλ-εος* „künstlich gearbeitet", und auch *Δαίδαλος* ist im Griech. Eigenname.

TILA, TEJA.

Nach Totilas Tode wurde Teja zum Gotenkönig erwählt, — zum letzten. Er fiel bald nachher in der grossen Schlacht am Vesuv. 553 wurde Italien römische Provinz.

Sein Name ist auf Münzen erhalten,[4] von welchen eine erste Klasse ihn *Theia,* eine zweite *Theia* mit der Variante *Thela,* eine dritte *Thila* nennt. Dem gegenüber zeigen die Historiker übereinstimmend die Form *Teia*: Proc., Agath., Euagr. *Τεΐας,* Mar. Avent. *Teia,* Agnell. *Teia Theia.* Derselbe Name begegnet schon in der ersten Zeit Theoderics, in einer Epist. pontif. als Name eines Comes: *Zeia* (mit Assibilation).

Bei solcher Übereinstimmung der Historiker bleibt das Schwanken in den numismatischen Belegen um so auffallender.

---

[1] Dahn, Könige IV, 164. Der dort citierte *Haminc* ist Franke.

[2] Dahn, Könige III, 246, 3.

[3] Bezz. Beitr. VI, 218 Anm.

[4] Friedländer 51 ff.

Seelmann (S. 327) belegt zwar inschriftliche *Fiios* (st. *Filios*), *Aureia, Corneius, Oreius, Ducis* u. s. w., warnt aber selbst davor, hierin lautliche Entwicklung statt Nachlässigkeit der Steinmetzen zu vermuten; hiernach könnte man allenfalls auf den Münzen *Thela Thila* herstellen, schwerlich jedoch bei der ganzen Reihe der genannten Historiker. Ich schlage vor, wiederum einen Doppelnamen anzunehmen, wie bei dem Vorgänger *Totila Badwila*. *Thela Thila*, mit verkehrter Aspiration statt ostgot. *Tęla*, erklärt sich am einfachsten als primäre Koseform zu einem mit got. *tils* componierten Vollnamen.[1] Freilich findet sich ein Stamm *til* auch in keltischen Namen:[2] liegt er hier vor, so ward seine Unverständlichkeit Veranlassung zu dem Doppelnamen, grade wie oben beim *Totila*. Wer das constante *th* retten will (auch der Sohn Odowacars, welcher als Geisel an Theoderics Hof lebte, heisst beim Anon. Vales. § 54 *Thela*), mag an den alten Stammesnamen der *Thelae*, d. i. der an. *þilir* (in *þelamǫrk*, heute *Tellemarken*) denken, welcher bei Jord. 60, 2 in *Taetel* entstellt ist[3]; auch er wird in Italien nicht mehr verstanden worden sein und kann so die Entstehung eines zweiten Namens befördert haben.

Diesen zweiten Namen, *Teia*, erklärte Dietrich (S. 62) als **Têwja* und stellte ihn zu got. *têwa têwi* „Ordnung“, *têwjan* „ordnen“; aber für solchen Schwund eines *w* fehlt jede ostgot. Parallele. Ich erinnere vielmehr an den Ausfall des intervocalischen *g* in *sajo* < **sagja*, *Daila* < *Dagila* und nehme *Teia* als **Tegja*. In *Tegja* kann das *e* nicht kurz sein, weil germ. *e* bei folgendem *i* oder *j* auch in unsern Quellen schon regelmässig durch *i* reflectiert wird. Folglich kann nur *ê* vorliegen und, da wulf. **Têgja* jeglicher etymologischen Anknüpfung entbehren würde, ostgot. *ê* < wulf. *ai*. Für dieses ostgot. **Tegja* < wulf. **Taigja* darf an ahd. *zeigôn* nicht gedacht werden, weil dies eine specifisch hoch-

---

[1] Vgl. S. 81 und Henning, Runendenkm. 4. Aber ib. 142 setzt er das *i* der Stammsilbe unrichtig als ursprünglich an; vgl. Feist, Got. Etym. Nr. 571.

[2] Stark, Kosenamen 121, 2.

[3] Müllenhoff, DA II, 66.

deutsche Bildung ist[1] (dazu got. *taik-ns* und *ga-tei-han*); und so bleibt nur eine Möglichkeit noch: Verbindung mit an. *teigr* „Erd-, Wiesenstreif". Im An. erscheint *teigr* simpliciter wie in der Composition (*Hofteigr*, *Gullteigr*) als Orts- oder Flurname,[2] und so kann auch **Têgja* den Bewohner oder Besitzer eines bestimmten **taigus* (wulf.) bezeichnen.[3] Oder aber es bedeutet als Neckname den „Trinker", wenn man schon dem got. Appellativum wie dem an. *teigr* den übertragenen Sinn eines „tiefen Zuges" zumessen darf; das davon abgeleitete schwache Verbum *teiga* besagt gradezu „einen tiefen Zug thun";[4] letzterem entspricht ein got. **taigjan*, wovon **taigja* Nomen agentis, und *Teja* wäre der „Trinker" wie oben S. 108 *Matja* der „Esser". Der gleichmässige Ausfall des *g* beruht bei dem Königsnamen wie oben S. 110 bei dem Titel *sajo* auf amtlicher Tradition.

FRIDIGERN.

Der Vater des Teja heisst bei Agath. *Φρεδιγερνος*. Vgl. den gleichnamigen Regulus Vesegotharum z. B. bei Jord. (65, 4 *Fridigernus*, 93, 2 u. ö. *Fritigernus*) und Müllenhoff daselbst im Index.

ALIGERN.

Ein Bruder des Teja war 552 Commandant von Cumae, übergab dasselbe im folgenden Jahr mitsamt dem gotischen Königsschatze an Narses und zeichnete sich später im römischen Heere während der Schlacht bei Capua gegen die Franken aus: *Ἀλίγερνος* Agath.

RAGNARITH.

Ῥάγναρις der Name eines Gotenführers 552 bei Proc. und Agath. Zum ersten Teil vgl. Wand. 86: got. *ragin*

---

[1] Kluge, EW[4] unter „zeigen".
[2] Cleasby-Vigfusson 627.
[3] Vgl. *Oraja* oben S. 105.
[4] Cleasby-Vigfusson a. a. O.

an. *regin* as. *regino* (Gen.) ahd. *regin-* „Rat, Beschluss", in Namen zum Zweck höchster Begriffssteigerung, wie auch in zusammengesetzten Appellativen des An. Ags. As.[1] Zur obigen Syncope unter „Composition".

ADEMUND.

Die Schenkungsurkunde bei Marini Nr. 86 vom Jahre 553[2] nennt 21 den Halbbruder der Stifterin mit Namen *Ademunt, qui et Andreas appellatur.* Man beachte den Doppelnamen. Das incorrecte *t* für *d* entstammt lateinischer Feder.[3]

ADERITH.

Ademunds Vater heisst in derselben Urkunde 1. 19 *Aderit* (über die Schreibungen *Aderitnis, Aderitgis* ib. für *Aderit gls,* d. i. *gloriosissimi,* s. Marini S. 284 und danach Förstemann, Namenbuch I, 135).

FELITHANC.

Die Schenkung geschieht mit Einwilligung des Ehemannes der Stifterin, welcher 52. 63. 73. 77 *Felithanc,* 66 *Felethanc* genannt wird[4]: eine ganz correcte ostgot. Schreibung, mit ostgot. *ę,* extrem gefärbtem Compositionsvocal, richtiger Aspiration *th* und ohne Nomin.-*s.* Der erste Teil des Namens ist das got. as. ahd. *filu* an. *fjǫl-* ags. *feolu feala,* dessen Stammvocal, germ. *e*[5], hier wieder bewahrt ist. Vgl. den secundären Hypocorismus *Filica* oben S. 68 oder den *Filimer* der gotischen Ursage bei Jord. oder den Rugier *Feletheus* Eugipp. 8, 1. 31, 1. 33, 1.[6]

---

[1] Müllenhoff, Zs. XVIII, 8.

[2] Dahn, Könige IV, 185.

[3] Vgl. z. B. Mommsens Jord. S. 170.

[4] Die Identificierung mit *Wilithanc* (oben S. 128) bei Dahn IV, 185 ist willkürlich; vgl. etwa Seelmann 241 a. E.

[5] Kögel, Literaturbl. 1887, Sp. 108.

[6] Ferner Förstemann, Namenb. I, 405 ff., und die zahllosen *πολυ-* in griech. Eigennamen (Fick 71. 206).

RUNILO.

Die Stifterin selbst heisst 62. 65. 68. 72. 76. 79 *Runilo*;[1] eine feminine secundäre Kosebildung; zu got. as. ahd. *rûna* an. *rún* ags. *rûn*, in vielen Frauennamen auf den Besitz höherer Weisheit hindeutend.

SISEWERA.

Die sich hier weiter anschliessenden Namen erfordern insofern einige Skepsis, als sie der Zeit nach 553 angehören. Doch weist ihre lautliche Gestalt sie den ostgotischen Resten zu,[2] welche trotz dem radicalen Aufräumen in Italien seitens der Römer hier noch hängen geblieben sein werden.

In der Urkunde Nr. 93 bei Marini,[3] nach 553, ist von einer Schenkung einer Freigelassenen *Sisewera* an die Kirche zu Ravenna die Rede: 65. 100 *Sisivera*, 70. 81. 108. 113 *Sisevira*, 74. 78. 104 *Sisevera*, 93. 96 *Sesivira*, 86. 90 in griech. Transscription *Cισιβερα*. Zum ersten Gliede vgl. oben S. 106, hier ist es mit ziemlicher Sicherheit als wulf. **siswa-*, nicht **sigisa-* anzusetzen, da der Stammesauslaut vor folgendem Halbvocal schwinden musste, *sisi-* also nur **sisu-* **sisw-* reflectieren kann; darauf weist auch das zweimalige *Sesi-*, dessen *e* bei folgendem ursprünglichen *i* (*sigisi-*) anomal wäre. Weshalb Müllenhoff[4] den Namen rätselhaft fand und seinen zweiten Teil nicht an got. *wêrs* anknüpfte, bleibt dunkel; man vgl. oben *Wera*, *Wêrika* und andere Belege, die Müllenhoff selbst a. a. O. aufzählt, dazu noch aus den westgotischen Concilienacten bei Mansi XI, 1076 *Veremundus* 683, XII, 84 *Vera* 693, ferner 533 eine Frankin *Leudovera* bei Pard. 118. 119, 700 *Gunthivera* ib. 452.

---

[1] Dahn a. a. O.; fälschlich *Rundo* III, 134, 2.
[2] Ranke, Weltgeschichte IV, II, 145.
[3] Dahn, Könige IV, 185.
[4] Zs. XVI, 156.

THEUDIFARA.

Die Herrin der Sisewera heisst ib. 23 in correcter ostgot. Lautgestalt *Theudifara*.

GUNDIHILDI.

Ergiebig an got. Namen ist die Urkunde Nr. 79 bei Marini aus dem Jahre 557. Ib. 1. 16 *Gundihild*, 13. 14. 56 *Gundihildi*, 17. 22. 25. 77 *Gundihil*, 90 *Gundiildi*. Zur *Gundihildi* verhält sich die inschriftliche, freilich nicht datierte *Guntelda*[1] wie *Theodadus* zu *Theodahadus*.

LANDARITH.

Ib. 2 *Land* . . ., 48. 66 *Landarit*. Got. an. ags. as. *land* ahd. *lant*.[2]

GUNDWULF.

Ib. 4. 43 *Gunduhuls*, 30 *Gundulus*, 57 *Guduhuls*. Marini stellt (S. 265, 12) *Gundulf* her, und ich weiss nichts besseres; ist *s* jedesmal aus *f* verschrieben oder verlesen? oder entstammt es wie an der dritten Stelle lat. *-us*? dann zum Ausfall des *f* oben S. 145; *uhu* = germ. *wu*, und das *h* als Übergang vom Halbvocal zum Vocal?[3] Oder aber ist *-wuls* incorrecte Wiedergabe von got. *wulþ*, wie das constante gr. *-ρις* von *rîþ*? An Einwirkung von *-hulþs* ist für die Form *Gunduhuls* des ungotischen Fugenvocals wegen schwerlich zu denken.

ADIUTH.

Ib. 43. 58 *Adiud*, 66. 78 *Adiut*. Vgl. S. 114 und S. 67.

---

[1] CIL V, 5415.

[2] Förstemann, Namenbuch I, 829 ff.

[3] Vgl. oben S. 115. Man könnte an langobardische Schreibungen wie *sculdahis, marpahis, Ahistulf* u. s. w. für *sculdais, marpais, Aistulf* denken (Grimm, GddS 481; Wackernagel, Kl. Schr. III, 366 f.), auch das inschriftliche *Ehuderichus* (oben S. 67, 1) vgl.

ROSEMUD FAFFO.

Ib. 44. 58. 66. 79 *Rosemud qui Faffo cognominatur.* Das constante *o* in der ersten Silbe des ersten Namens gegenüber dem *u* in der zweiten weist für jenes auf wulf. *au*, und der Name ist identisch mit dem des alten Gotenführers Ῥαυσίμοδος bei Zosim. 85, 16.[1] Sein erstes Glied ist entweder als got. **Hrauza-* anzuknüpfen an got. **hriusan* an. *hrjósa* ags. *hreósan* „fallen", wozu an. *hreyr* (mit *R*-Umlaut) „Leichnam",[2] oder als **Rauza-* an **riusan*, wozu an. *rausa* „laut sprechen", *rausn* „Herrlichkeit, Ruhm".[3] Wenn ihrer Bedeutung wegen die letztere Etymologie vorzuziehen ist, dann würde damit in dem vorliegenden Namen auch eine got. Entsprechung zu dem an. Namen *Rerir* < **Reyrir* (Volsungas. 2, ferner *Ôþ-rerir* und *þioþ-reyrir* Havam. 160) aufgefunden sein, welchen noch Müllenhoff[4] ausserhalb der nordischen Sage und in der übrigen germanischen Welt gänzlich unbekannt nannte. *Faffo* bleibt dunkel;[5] *ff* könnte nur hypocoristisch stehen, da gemeingerm. *ff* sonst nicht zu belegen ist, und *-o* für got. schw. *-a* latinisiert sein: aber was ist **Fafa*? Man beachte, dass auch bei diesem Doppelnamen die eine Hälfte ein etymologisches Rätsel bietet.

GUNDIRITH.

Ib. 44. 79 *Gundirit*, 67 *Gunderit*; dazu in Nr. 80, II (s. u.) 16 *Gunderit* (statt sonstigen *Guderit*) und in Nr. 88a (vom Jahre 572) viermal *Gunderit*.

LENDARITH.

Ib. 48 *Lendarit*, 65 *Lend* . . . . Marini (S. 265, 1) wollte *Leudarit* lesen und erinnerte an Procops Λεύδερις. Das geht

[1] Dahn, Urgeschichte I, 229.

[2] Cleasby-Vigfusson 286. 290.

[3] Ib. 484.

[4] Zs. XXIII, 118. 157.

[5] Jac. Grimms Annahme einer Lautverschiebung aus *papa* (Kl. Schr. III, 391) verbietet sich jetzt von selbst.

jedoch deshalb nicht an, weil ags. *leóde* ahd. *liuti* ein *i*-Stamm ist, welcher allein ostgot. *Leudirit* bilden würde. Es bleibt daher bei *Lendarit*, mit altem *e* wie in *Matesuentha*, *Sendefara*, und der Name ist entweder anzuknüpfen an an. *linni linnr* ahd. *lind* „serpens" mit Grimm[1] oder an an. ags. *lind* ahd. *linta* „tilia", in Namen nach uraltem Tropus gebraucht, mit Müllenhoff.[2]

TZALICO.

In der Urkunde Nr. 140 vom Jahre 557 der Name eines Comes, 22 im Gen. *Tzaliconi*, 25 *Tzali* . . . Vgl. oben S. 148. Wenn statt *Tzalico* vielmehr *Tzulico* zu lesen, dann zu S. 129.

GUDILA.

Ib. 26 *Gudila*. Vgl. oben S. 71.

WILIFARA.

Eine Inschrift bei Rossi I, Nr. 1093 vom Jahre 557: *Wiliera, qui vixit* . . . . . *deposita*, also ein Frauenname.[3] Bei dem inschriftlichen *E* ist der unterste Querstrich ganz kurz, der oberste lang ausgezogen; jener entstand daher vermutlich durch ein Versehen des Steinmetzen, der *E* statt *F* meisseln wollte, jedoch seinen Fehler noch rechtzeitig bemerkte.

HILDIWADA.

In den Briefen des Papstes Pelagius I., 555—560, (oben S. 28) begegnen folgende vier Namen.

Hisdevalde, al. *Hildivade Hilviade*, im Gen., *-e* also für *-ae*. Ich stelle *Hildiwadae* her, mit der movierten Form zu dem oben S. 115 behandelten masculinen Nomen agentis.

[1] Gr. II (1878), 488. Myth. 652 f.
[2] Zs. XIII, 576 f.
[3] Vgl. oben S. 134.

SINDULA.

Vgl. oben S. 142.

ANILA.

Vgl. oben S. 107. Ein Westgote *Annila* 675.

GUNDIMER.

Der Dat. *Gurdimeri* gewiss zu bessern in *Gund-*.

RANIHILDI.

In der Urkunde Nr. 80 bei Marini, vom Jahre 564, II, 4 *Ranihilda*, zu welcher oben S. 132 zu vgl.

GUDERITH, GUNDERITH.

Ib. II, 4. 11 *Guderit*, 16 *Gunderit*.

MANNA.

In der Testamentsurkunde Nr. 75, aus dem Jahre 575, wiederholt der Name *Manna* (so sicher, wie die Schrifttafel beweist), flectiert *Mannanis* oder *Mannani* u. s. w.: der primäre Hypocorismus zu dem oben S. 123 behandelten secundären *Mannila*.

NANDERITH.

Ib. sechsmal als Abl. *Nanderit*.

RICCITHANC.

Ib. 10 . . . *citanc*, 39 *Riccitanc*, 48 *Ricc* . . *tanc*.

OTRATARIT.

So ib. 42 als Gen. Ist *Ostrarit* zu bessern?

WINIGILD.

Ein Gote war der Vater des Papstes Pelagius II. (578—590), der im Lib. pontif. *Unigildus*, *Unigeldus*, *Winni-*

gildus, Winigildus, Vingilius, Gildus heisst. Innerhalb dieser Überlieferung wird keine Vertauschung zweier Namenelemente, *Huni-* und *Wini-*, vorliegen, sondern *Uni-* auf griech. Auffassung von *Wini-* beruhen,[1] wie *Οὐλι-* für *Οὐιλι-* u. ä. Der zweite Teil des Namens ist das Nomen agentis mit dem *a*-Suffix zu got. *gildan* an. *gjalda* u. s. w. „gelten, entgelten, vergelten“ und mit an. *gildr* „geltend, tüchtig, tapfer“[2] zu vgl. Hierher gehört auch der inschriftliche *Alagildus*,[3] und ebenso wird der *Fandigil . . s* einer venetischen Inschrift,[4] welche vermutlich der ostgot. Epoche entstammt,[5] in *Fandigildus* zu restituieren sein; zu *fandi-* vgl. ahd. *fendeo fendo* „pedes, phalanx“, ags. *fêþa* „pedes, acies“[6], woneben ein *i*-Stamm **fanþi-* bestanden hat, wie viele Eigennamen beweisen.[7]

WILJARIC.

Einen Mag. mil. *Wiljaric* nennt eine Inschrift bei Rossi I, 1126 vom Jahre 589.[8]

THRASARIC.

Auf derselben Inschrift der Gen. *Trasaric* . . Vgl. dazu *Trasaricus* bei Erchempert, oben S. 41.

HOLDIGERN.

Marini Nr. 121, vom Jahre 591, 8 *Holdigernus*. Got. *hulþs* an. *hollr* ags. as. ahd. *hold*.[9] Zu der Conjectur *Hildigernus* unter „Vocalismus“.

---

[1] Vgl. oben S. 85, 7.
[2] Zimmer, QF XIII, 96.
[3] CIL V, 8760.
[4] CIL V, 8747.
[5] Ib. S. 1175.
[6] Dazu Tac. Germ. 6 und Müllenhoff, Zs. X, 551.
[7] Ausführlicher Henning, Runendenkm. 58.
[8] Ebenso Ephem. epigr. IV, 851.
[9] Ein Westgote *Uldila* v. 588 bei Dietrich 79.

ODERIC.

Ib. 45. 65 *Odericus.*[1]

BOHERDE.

So ib. 65 ein Gen. Völlig dunkel.

TZITA.

Marini Nr. 122, vom Jahre 591: 5. 71. 86 *Tzita,* 74 *Tzitta,* 80 *Κειτα,* 92 *Tazitta,* 98 *Zita.* Vgl. oben S. 93.

HILDIGERN.

Ib. 16 *Hildigernus.*

WADWULF.

Endlich aus der Charta damnatae litis bei Marini Nr. 131,[2] welche nicht näher datiert ist, jedoch dem 6. Jahrh. entstammt: 5. 10. 23. 36. 43 *Vuaduulfus*, 29 *Vuadouulfus.* An den ersten fünf Stellen ist *uu* die gewöhnliche Wiedergabe von got. *wu*, an der letzten jedoch ist die Schreibung die correcteste: *ouu* ist *ovu*, das für *uvu* steht, worüber unter „Halbvocale".

SICCIFRIDA.

Ib. 5 *S(R)iccifrida,* 11. 23 *Seccifrida,* 16. 36 *Siccifrida,* 29 *Sicchifrida,* 43 *Sisifrida.* Wer die römische Cursive dieser ravennatischen Urkunden gelesen hat, weiss, wie *r* und *s* hier einander ähnlich sehen und leicht für einander verlesen werden können. Deshalb könnte die Herstellung *Ricci-*, wie sie

---

[1] Dass er Gote, nicht Langobarde, darüber Dahn, Könige IV, 186, und dazu Meyer, Langob. 264, wonach das Langobardische diphthongisches *au* bewahrt.

[2] Über ihren Inhalt Dahn IV, 187; über ihren got., nicht langob. Ursprung auch oben S. 119, 1.

Marini an der ersten Stelle andeutet, nahe liegen; sie verbietet sich jedoch durch das zweimalige *Secci-*, dessen *e*, wenn es germ. *ī* reflectieren sollte, ganz isoliert dastehen würde. Es wird also bei *Secci- Sicci-* (mit hypocoristischer Consonantengemination, welche hier auch in den ungekürzten Vollnamen gedrungen) bleiben müssen, ohne dass für dessen Etymologie etwas Positives sich beibringen liesse. Allenfalls mag an ein got. **sika-* erinnert werden, wie es dem ahd. *sëh* mhd. *sëch* „Karst, Pflugschar“ entsprechen würde.[1] Zu dem an der letzten Stelle vertauschten *sisi-* vgl. oben S. 106, zu *-frida* S. 63: movierte Form zu *Sisifrith* (oben S. 138).

GIVERIC, GIBERITH.

Ib. 131, 26 *Ghiveric*, 51 *Giberit.*

HARDICA.

Ib. 33 *Ardica,* 49 *Ardeca.* Ein secundärer Hypocorismus (etwa zu *Ardaric*, wie ein Gepide bei Jord. 42, 23 u. ö. heisst); got. *hardus* an. *harþr* ags. *heard* u. s. w. „hart, tapfer, strenge“. Man vgl. das reiche Namenmaterial bei Förstemann, Namenbuch I, 604 ff., und die ebenso häufige Verwendung des urverwandten gr. *κρατύς κρατερός* in griech. Personennamen.[2]

CESSA.

Führt ib. 51 der Comes und Schwiegervater des Giberith einen got. Namen, so ist der Gen. *Cessinis* zu Cass.'s *Mazenis, Waccenem*, *Patzenis* zu stellen und das lat. *-inis* mit got. *-ins* zu vgl. In *Cessa* fasse ich das anlautende *c* als Vergröberung des explosiven *g*[3] und das *ss* als hypocoristische Consonantendehnung und stelle das so gewonnene **Gesa* als primären Hypocorismus zu dem oben S. 117 behandelten secundären *Gesila.*

[1] Kluge, EW[4] unter „Sech“.

[2] Fick 42. 46 f. 120 f. 182. Vgl. jedoch Webster, Zur Gutturalfrage im Got., S. 25.

[3] Vgl. oben S. 65. 111 und unter „Consonantismus“.

SIFILO.

Vielleicht gehört dem 6. Jahrh. auch die Urkunde Nr. 141 an, wo 14 der Frauenname *Sifilo* erscheint: eine femin. secundäre Koseform zu einem mit got. *sifan* „sich freuen" gebildeten Vollnamen. Das überlieferte *Sifilon* ergänzt Marini gewiss richtig zum lat. Abl. *Sifilone*, während Grimm[1] darin den ursprünglichen got. Dat. sehen wollte. Vgl. einen primären *Siffo* vom Jahre 788 bei Meichelb. 626, welchen selbst Stark[2] noch nicht aus *Sigfrit* o. ä. deuten will.

---

[1] Gramm. I[1], XLIX.
[2] Kosenamen 120.

DIALECTISCHE MERKMALE DES OSTGOTISCHEN.

VOCALISMUS.[1]

a.

Kurzes wulf. *a* ist in ostgot. Stamm- und Suffixsilben unverändert erhalten. Für langes oder nasaliertes *a* fehlen die Belege.

ê.

Während Wulf. germ. *e* und *i* unter das eine graphische *i* subsumierte, schied er *ê* und *ei*: beide müssen daher in der Aussprache deutlich unterschieden gewesen sein. Dass hingegen die häufigen *ei* oder *i* statt *ê*, dgl. die umgekehrten Schreibungen *ê* statt *ei* oder *i*[2] in den Hss. erst dem jüngeren Dialect der ostgot. Abschreiber entstammen, wird dadurch bewiesen, dass die ostgot. ausserbiblischen Sprachreste ganz denselben Wechsel aufweisen.[3] Dass aber trotzdem wulf. *ê* und *ei* im Ostgot. noch nicht zu einem Laute zusammengefallen sein können, wird durch die constante Überlieferung des letzteren als *i* in unsern Quellen deutlich, welche andernfalls eine gelegentliche umgekehrte Schreibung als *e* schwerlich vermissen lassen würden. Demnach sind wulf. *ê* und *ei* auch im Ostgot. noch als ganz geschlossenes *ệ* und als *î* zu unterscheiden.

[1] Der Stammsilben und stammbildenden Suffixe. Den Vocalismus der Compositionsfuge s. unter „Wortbildung", der Endungen unter „Declination".

[2] Leo Meyer § 409. 449.

[3] Vgl besonders oben S. 58

î.

Das lange germ. *î*, wulf. *ei*, ist im Ostgot. fest erhalten und überall in den Quellen durch *i* wiedergegeben.

e, ę, i,

Schon Scherer vermutete,[1] dass im wulf. *u* und *i* je zwei Laute begriffen wären, dass das eine got. Zeichen für *i* noch nicht auf völligen Zusammenfall von germ. *e* und *i* im Got. zu weisen brauche, grade wie z. B. das mhd. *e* zwei in der Aussprache genau geschiedene Laute umfasst. Für das Ostgot. führt die Überlieferung auf eine gleiche Unterscheidung, und entsprechend den drei ostgot. Längen *ê*,[2] *ę̂*, *î* können wir die drei Kürzen *e*, *ę*, *i* constatieren.[3] Offenes *e* liegt vor im gemeingerm. *e*, wulf. *aí*, vor (*h* und) *r* und ist als solches durch alle Quellen hin fest überliefert.[4] Das ostgot. *ę* entspricht germ. *e*, welchem nicht *i* oder *j* folgte,[5] und zeigt seinen geschlossenen Lautcharacter, wenn die Überlieferung in seiner Wiedergabe zwischen *e* und *i* schwankt. Das ostgot *i* endlich ist entweder ursprüngliches *e* bei folgendem *i* oder *j* oder ursprüngliches *i* und wird in beiden Fällen durch constantes *i* reflectiert.[6] Beachtenswert ist besonders, dass bei folgendem Nasal + Consonant nur ein ostgot. *ę*, nicht *i* angesetzt werden kann.[7]

---

[1] ZGddS[2] 51 Anm. Dazu Braune, Beitr. IX, 548.

[2] < wulf. *ái*; vgl. u. S. 165.

[3] Vgl. die drei entsprechenden Runenzeichen: Henning 142.

[4] Vgl. oben S. 9. Nachträglich sehe ich, dass der Anon. Vales. *Amalabirga* schreibt; wenn man seine auch sonst corrupte Wiedergabe der Eigennamen bedenkt (S. 29), wird diese Ausnahme nicht ins Gewicht fallen.

[5] Man beachte auch Schreibungen wie *Seda*, *Felithanc*, welche zeigen, dass ursprüngliches *u* auf das *e* der Wurzelsilbe keinen Einfluss ausübt.

[6] Es bleibt dahingestellt, ob *Heldebadus* (S. 133) bei Marcell., Jord., Paul. im ersten Gliede nicht den secundären *jâ*-Stamm (S. 86), sondern primäre *â*-Bildung enthält (S. 191, 2), oder ob in ersterem Falle der Übergang des *e* zu *i* vor *l* + Conson. gehemmt wurde (Scherer a. a. O.).

[7] Vgl. oben S. 66. 96. 134.

Für die Chronologie germanischer Lautgeschichte kann diese ostgot. Behandlung des germ. *e* manches beitragen. Überlieferte Formen der Urzeit wie *Segimerus Segimundus Fenni* finn. *telio* (ahd. *dilla*) zeigten längst, dass älteres *e* vor *i* oder vor Nasal + Consonant in historischer germanischer Zeit noch bestanden hat.[1] Wenn jetzt das Ostgot. des 6. Jahrhs. für dieses *e* vor *i* oder *j* gleichmässig *i* zeigt, vor Nasalverbindung aber nicht, so folgt daraus, dass vielleicht Leffler[2] noch Recht hatte den Übergang von *e* zu *i* vor *i* oder *j*, den er hauptsächlich für das An. erwies, einer gemeingermanischen Periode zuzusprechen,[3] andrerseits aber dass v. Borries[4] im Unrecht war diesen Wandel für jünger zu halten als den vor Nas. + Cons., dass letzterer vielmehr nicht gemeingermanische, sondern einzeldialectische Entwicklung ist, welche im Ostgot. noch nicht durchgedrungen.

Wenn vier verschiedene und von einander unabhängige Quellen (S. 78) das germ. **trewwo-* mit variantenfreiem *i* wiedergeben, so scheint hier nicht nur die gleiche ungenaue Schreibung des ostgot. *ẹ* vorzuliegen, sondern der Lautwandel *e* > *i* vor der Verschärfung vollendet zu sein, wie im späteren Ahd.[5]

Auch in nicht haupttonigen Mittelsilben ist dieselbe Tonerhöhung so gut wie zu Ende geführt, wie die *Greotinge, Thorisa, Wandil, Darida, Sigis-* bezeugen, vor allem auch die zahllosen Hypocorismen auf *-ila* und *-ica*, denen gegenüber vereinzeltes *Baduela* auf Münzen[6] und *Ardeca* neben *Ardica* bei Marini kaum in Betracht kommen.

Altes germ. *i* war nur in den mit *-frid-* gebildeten Namen erhalten und hier durchgängig als *i* geschrieben.[7]

---

[1] Kluge in Pauls Grundriss I, 357.

[2] Nord. Tidskr. f. Filol. II (1874).

[3] Dazu v. Borries, *i*-Umlaut 78 f.

[4] Ib. 37, 85.

[5] Braune, Ahd. Gr. § 30, 2. Dagegen bei einfachem *w* wie ahd. *knëuue*, *gisëwan* auch ostgot. *-theu* (*þius*).

[6] Zu *Tutela* oben S. 136.

[7] Die *Amalafreda* beim späten Paul. ist belanglos, während für den *Leodifredus* bei Cass. in einem Teile der Hss. die andre Lesart *Leodefridus* beweist, dass *e* und *i* dort nur umgestellt sind.

ǫ̂.

Der aus den got. Bibelhss. bekannte Wechsel von *ô* und *u*[1] entstammt dem ostgot. Dialect: wie zwischen *e* und *i* für wulf. *ê* schwankt seine Überlieferung zwischen *o* und *u* für wulf. *ô*, nur dass die Schreibung *u* häufiger ist als dort die Schreibung *i*.[2] Aber wie *ę̂* und *î*, sind auch ostgot. *ǫ̂* und *û* noch zu trennen, denn für letzteres, das alte germ. *û*, ist keine umgekehrte Schreibung *ô* überliefert.

û.

Das lange germ. und wulf. *û* ist im Ostgot. fest erhalten und überall in den Quellen durch *u* wiedergegeben.

u.

Wenn wir oben dem Lautwandel *e* > *i* vor Nasalverbindung den gemeingerm. Ursprung bestritten, so führt auch für die *u* > *o*-Frage das Ostgot. zu ähnlichem negativen Resultat. Denn hier ist das alte *u* nicht nur bei folgender nasaler Consonantenverbindung (*mund-*, *gund-*), sondern überhaupt trotz einem ableitenden *a* bewahrt geblieben (*fruma-*, *gud-*, *-wulf*, *-wulth*). Die etwaige Annahme, dass ein ursprünglicher Wechsel von *u* und *o*, der durch den Vocal der folgenden Silbe bedingt gewesen, bereits durch Ausgleichung wieder beseitigt worden wäre,[3] verbietet sich für eine so frühe Sprachperiode wie die ostgot. von selbst und würde auch für den ausschliesslichen Sieg des *u* keine Erklärung bringen. Alle die *Gudinanth, Guda, Guderith, Bedéwulf, Aliwulf, Sigiwulth*, *Wulth* u. s. w. sprechen vielmehr deutlich dafür, dass der *a*-Umlaut des *u* im Ostgot. noch nicht durchgedrungen ist und daher nicht mehr ein gemeingerman. Gesetz genannt werden darf.[4] Daher war

---

[1] Leo Meyer § 434.

[2] Vgl. oben S. 83. 86. 94. 113. 130. 138.

[3] Vgl. für das An. z. B. Noreen § 172.

[4] Griechische Zeugnisse sind hier ungiltig; man vgl. nur die *Γροθιγγοι* des Zosim. mit den *Gruthungi* des Claud. u. ä., auch Braune, Got. Gr.^{3} § 13, 1, sowie oben S. 6.

auch die Ableitung des *T(h)ulwin T(h)olwin* bei Cass. von got. *þulan* unwahrscheinlich; und die einzige Ausnahme, welche dann noch bliebe, der *Holdigern* bei Marini, fällt, wenn man ihn in *Hildigern* bessert und mit dem Goten identificiert, welcher in der bei Marini folgenden und aus gleichem Jahre herrührenden Urkunde diesen Namen trägt. Über *Optarith* s. S. 98; über den Gotennamen selbst S. 44. Im allgemeinen ist also dem ostgot. (und germ.) *ę* und *i* nur ein ostgot. (und germ.) *u* gegenüberzustellen, und die wulf. *i* und *u* haben nicht eine übereinstimmende Entwicklung hinter sich.[1]

Für wulf. *aú* war *Thorisa* der einzige Beleg; dazu der fragliche *Optarith.*

Wulf. *ái* > ostgot. *ê.*

Dem wulf. Diphthong *ái* entspricht ostgot. Monophthongierung *ê*. Die Belege sind zwar nicht zahlreich[2] und zum Teil sogar etymologisch nicht ganz sicher. Trotzdem zeugt für die Tatsache dieser Monophthongierung das Fehlen jedes sonstigen Reflexes von altem *ai*[3], besonders aber die Analogie des sicher erwiesenen ostgot. *ô* < wulf. *au.* Und wie letzteres offene Länge ist, so wird auch der Monophthong *ê* als offen von dem alten *ẹ̄* zu scheiden sein.

Wulf. *áu* > ostgot. *ô.*

Dem wulf. Diphthong *áu* entspricht ostgot. Monophthongierung *ô*.[4] Ihre ganz constante Schreibung *o* ohne Variierung in *u*[5] beweist, dass ihr Lautcharacter unterschieden war von dem des alten got. *ô*, welches ostgot. meist als *u* erscheint. Wir haben also im Gegensatz zu letzterem den neuen ostgot. Monophthong als offene Länge anzusetzen.[6] Ihre weit offene Articulation ist auch die Ver-

---

[1] Braune, Beitr. IX, 548.

[2] Vgl. S. 61. 70. 96. 117. 128. 149. 159.

[3] Zu *Daila* oben S. 127.

[4] Vgl. S. 48. 83. 87. 104. 112. 136. 154. 158.

[5] Zu *Tutila* oben S. 135 f.

[6] Hierauf kann vielleicht für den *Oswin* der Var. (S. 112) die Lesart *Asuin* in M beruhen.

anlassung, dass von der neuen Länge *ô* (und ebenso *ê*) keine Spuren in unsere Bibelhss. gelangt sind, da der phonetische Unterschied von altem und neuem *ô* (und ebenso *ê*) zu bedeutend war.[1] Die Ostgoten des 6. Jahrhs. lasen also die *ái* und *áu* der Bibel wie *ê* und *ô*, die *ê* und *ô* wie *ệ* und *ộ*. Für die ostgot. Monophthongierung des alten Diphthongs spricht ferner das *kawtsjô* der Neap. Urkunde: das vulgärlateinische *cautio* besass damals noch echten phonetischen Diphthong,[2] aber die got. Umschrift **kautjô* hätte der Ostgote als *kôtjô* gelesen, daher der Ausweg *aw*.[3]

Eine Chronologie für diese Monophthongierung aufzustellen ist vorläufig noch nicht möglich. Geht die gotische Urgeschichte des Cass.-Jord. auf eine andre schriftliche Quelle, nicht nur auf mündliche Tradition zurück,[4] so mögen der Amale *Augis* Jord. 76, 17 und der jüngere Gotenkönig *Aoric* 87, 7 erwähnt werden.[5] Diejenigen aber, welche got. *ái* und *áu* schon für die Zeit Wulfilas nur als graphische Wiedergabe von offenen *ê*- und *ô*-Längen ansehen,[6] mögen sich hüten unsere ostgot. Monophthonge des 6. Jahrhs. ohne weiteres als Stützen ihrer Ansicht aufzufassen und deshalb um zwei Jahrhunderte zurückzudatieren. Es wird sich bald Gelegenheit finden die wirklich diphthongischen Belege für das ausserwulfilanische Gotisch des 4. Jahrhs. zusammenzustellen; vorläufig bleibt immer noch auf Dietrich zu verweisen;[7] vgl. z. B. auch oben S. 20 (48. 49) die *Austrogoti*, *Grauthungi* des 4. Jahrhs.

---

[1] Welche Spuren von dieser Art Müllenhoff Zs. IX, 136 meint, ist mir nicht klar geworden.

[2] Vgl. hierzu Wand. 97 oder Seelmann 223.

[3] Dasselbe ist hier also anders zu beurteilen wie im biblischen *Pawlus*, wo nur mechanische Umschrift aus gr. *Παυλος* vorliegt (Dietrich 15; Braune, Got. Gr.[3] § 39).

[4] Vgl. Müllenhoff in Mommsens Jord. 143, 1.

[5] Das *ao* des letzteren eine Vorstufe der Monophthongierung wie im Ahd.? (Braune, Ahd. Gr. § 45, 1. 2.)

[6] Mit Bremer, Beitr. XI, 51 ff., wogegen Wand. 96 ff.

[7] Braune, Got. Gr.[3] § 21, 1. 25, 2.

ęu.

Dass *eu* die germ. Urform des fraglichen Diphthongs ist, nicht eine secundäre Compromissbildung zwischen *eo* und *iu*, ist aus Gründen der allgemeinen Sprachvergleichung ebenso sicher wie nach germanischen Einzelzeugnissen wahrscheinlich.[1] Auch für das ostgot. haben wir *eu* als Dialectform vorbereitet, wenn wir seine beiden Bestandteile *ę* und *u* als ostgot. nachwiesen. Und in der Tat ist ostgot. *eu* durch eine ganze Reihe von Belegen gesichert. Daneben fand sich namentlich die Schreibung *eo*, seltener *iu*; dass sie nur graphische Modificationen sind, ist oben S. 51 ff. ausführlich gezeigt. Daneben wird sich das gelegentliche *iu* häufig aus demselben Schwanken erklären, mit welchem germ. *e* ostgot. *ę* bald als *e* bald als *i* geschrieben wird, ohne dass damit der „Übergang des ursprünglichen *eu* in das jüngere *iu*, der auf deutschem Boden ja erst in historischer Zeit durchgeführt wurde und auch im Norden in keine ältere Zeit als um 500 gesetzt zu werden braucht“ [2], schon für das Ostgot. angedeutet werden soll. Der problematische Versuch,[3] noch gemeingerm. *iu* als secundäre Entwicklung aus *eu* vor Labialen und Gutturalen nachzuweisen, wird wenigstens durch die ostgot. Schreibungen, welche *iu* in Compositis mit got. *þiuda* grade so wie in denen mit got. *liuf̦s* anwenden, nicht unterstützt.

CONSONANTISMUS.

1. Halbvocale.

w.

Für die Orthographie des halbvocalischen *w* gilt in der gesamten ostgot. Überlieferung die sehr consequent beobachtete Regel: im Wortanlaut *uu*, im Inlaut (auch als Anlaut der zweiten Compositionsglieder) *u*; also ein graphi-

---

[1] Vgl. z. B. Bezzenberger, *A*-Reihe 36.

[2] Noreen, Arkiv I, 165.

[3] Braune, Beitr. IV, 557.

sches Gesetz, wie es grade so für das Ahd. besteht. *Uu*, d. i. *w*, im Anlaut[2] herrscht bei allen unsern Historikern, mit alleiniger Ausnahme des Marcell., welcher noch lat. *v* schreibt; für Jord. giebt zwar Mommsens Text *v*, die Hss. begleiten es jedoch mit gleichmässigem *w*, und auch der auf Jord. fussende Paul. hat *w*. Ausschlaggebend sind die Papyrusurkunden, die Inschriften[3] und die Münzen des *Witigis*, welche sämtlich ohne Schwanken anlautendes *w* bieten. Nur bei folgendem *u* ist *v* statt *w* verständlich in *Vulth* und den *vulthres* des Cod. Brix. und grade so im Ahd. das Gewöhnliche. Ebenso fest ist im Inlaut *u*, und nur vereinzelte Varianten haben im Anlaut zweiter Compositionsglieder das *uu* aus dem Simplex übernommen. Dieses inlautende lat. *u* reflectiert den vocalischen Bestandteil des germ. *w*, ist nicht etwa die lat. Spirans *v*; das beweist einmal das *ου* der Griechen (*Ματασουνθα*, *Σκιπουαρ*), sodann der Umstand, dass *w* als Anlaut zweiter Compositionselemente den vorhergehenden Stammesauslaut grade so wie jeder andre Vocal beeinflusst.

Schon in der Einleitung wurde darauf hingewiesen, dass der sonst in den lat. Hss. so geläufige Wechsel von *v* und *b* in der Überlieferung des ostgot. *w* vollkommen fehlt.[4] Ganz vereinzelt aber wurde für das inlautende *u* (= *w*) *o* geschrieben (*Odoin* S. 83, *Tholoin* 129, *Wadouulfus* 158); diese Schreibung ist auch sonst im Germ. bekannt[5] und ihr letzter Reflex in germ. Lehnworten, besonders Eigennamen des Romanischen bis auf heute zu beobachten (frz. *Goudoin* = *Gotwin*, ital. *Adaloaldo* = *Adalwalt*).[6]

Dass *w* vor *u* auch im Inlaut selbständig erhalten ist, bewiesen die Namen auf *-wulf* und *-wulth*. Über das *w* im *kawtsjô* der Neap. Urk. oben S. 166. Über die Verschärfung

[1] Braune, Ahd. Gr § 105. Damit vgl. man die gemeinroman. Entsprechungen des germ. *w* in germ. Lehnworten: im Anlaut *gu*, im Inlaut *v* (Diez, Gr. I[3], 324. 326).

[2] Dazu Dietrich 77 f. Wand. 38 101.

[3] Vgl. oben S. 87. 155. 157.

[4] Scheinbare Ausnahmen S. 85. 115. 132.

[5] Henning, Runendenkm. 143.

[6] Diez, Gr. I[3], 326 f.

ggw S. 78 f. Über gelegentliche Romanisierung *gu-* S. 87, 4, dazu hinten im Index.

j.

Der Halbvocal *j*[1] zeigte sich wie im wulf. Gotisch unverändert bei den *jan*-Stämmen: *Marcja*, *Matja, sajo, Sibja*, *Teja*. Über die starken *ja*-Bildungen s. unter „Declination", über die Wandlung *ja* > *je* > *i* in der Compositionsfuge S. 68 f. 87 f.

2. Labiale.

p.

Das wahrscheinlich bilabiale *p* fand sich anlautend in *Pitzia* und *Pa(h)tja*, wovon ersteres griech., letzteres vermutlich lat. Herkunft ist, inlautend in *Grippa*, *Oppa* und *Scipwar*. Über das lat.-gr. *p* in *Optarith* vgl. S. 98 und unten Anm.[3]

b.

Die Differenzierung des got. *b* als des bilabialen tönenden Verschlusslauts im Anlaut und postconsonantischen Inlaut und als des bilabialen tönenden Reibelauts im postvocalischen Inlaut ist im Ostgot. bewahrt und wird durch die auch hier consequente Überlieferung bewiesen, welche im Anlaut nur *b*, im intervocalischen Inlaut *b* im Wechsel mit *v* schreibt.[2] Auslautend fand sich *b* nur im *Gudilub* der Urkunde von Arezzo, für welches auf Braune, Got. Gr.[3] § 56, 1 zu verweisen. Die Analogie der Dentale kann dafür sprechen, dass rein orthographisch das aus dem Inlaut geläufige *b* in den Auslaut übernommen und sonst auch im ostgot. Auslaut labiale Spirans anzunehmen ist.

f.

Die bilabiale tonlose Spirans *f* hat im Ostgot. gegenüber der wulfil. Sprache keinerlei Veränderung erfahren. Über *Optarith* gegenüber got. *Uftahari* s. S. 98.[3]

---

[1] Vgl. Wand. 102.

[2] Vgl. Braune, Got. Gr.[3] § 54, 2. Dazu die romanische Entsprechung in germ. Lehnworten: Diez, Gr. I[3], 323.

[3] Paul, Beitr. I, 150: „*p* für got. *f* ist jedenfalls aufzufassen wie *t* für *þ*. Es mag auch sein, dass beide nicht bloss auf nachlässiger

3. Dentale.

t.

Der alveolare tonlose Verschlusslaut besteht unverändert wie bei Wulf. Nur seine graphische Wiedergabe erfordert einige Bemerkungen. Über gelegentliche Assibilation s. o. S. 72 f. 93. Ganz regellos war in den lat. Quellen die Schreibung *t* oder *th*, in buntester Verwirrung vertraten sie bald got. *t* bald got. *þ*. Es darf aus dieser Unsicherheit nicht ohne weiteres auf die Verschiedenheit der Aspirationsverhältnisse, des Vocaleinsatzes u. s. w. geschlossen werden; denn einmal würde man dann wenigstens innerhalb bestimmter, auch sonst phonetisch genauer Quellen irgendwelche Consequenz zu erwarten haben, ferner aber ist der Wirrwarr in der Aspiration der Tenues durch das gesamte Latein hin zu verfolgen.[1] Trotzdem muss für den vorliegenden Wechsel von *t* und *th* der Grund ein speciellerer sein, weil sich eine willkürliche Aspiration der andern Tenues nur vereinzelt zeigte.[2] Man wird in den vielen statt germ. *t* geschriebenen *th* vorwiegend umgekehrte Schreibungen zu sehen haben. Wenn für das got. *t* und *þ* die Lateiner bald *t* bald *th* zeigen, die Griechen dagegen wenigstens im Anlaut consequentes τ oder ϑ, so ist der Grund dafür einfach der, dass die Griechen für got. *t* und *þ* in ihrem τ und ϑ zwei ebenso differenzierte Zeichen besassen,[3] dass solche den Römern hingegen abgingen. Wenn nun schon die lat. Wiedergabe der griech. τ und ϑ eine so bunte und inconsequente ist,[4] obwohl ihr Unterschied aus der griech. Schrift hätte bekannt und geläufig sein sollen, dann ist die wirre Confusion in der Transscription von germ. *t* und *þ* um so begreiflicher, als sie auf keine Vorlage, nur auf acustische Aufnahme angewiesen war.

Schreibung beruhen, sondern auch auf ungenauer Auffassung mit dem Ohre. Bei hastiger Aussprache kann die Spirans wenigstens ebenso gut als Tenuis aufgefasst werden, wie die Aspirata oder Affricata".

[1] Seelmann 256 ff.; daselbst inschriftliche Belege von der ältesten Zeit bis ins 6. Jahrh. n. Chr.

[2] S. 54 f.

[3] Blass 89.

[4] Seelmann a. a. O.

d.

Auch das wulf. *d* zeigt sich im Ostgot. unverändert. Wenn aber das wulf. *þ* im Inlaut zum tönenden Reibelaut geworden ist (s. u.) und als solcher mit *d*, seltener noch mit *th* wiedergegeben wird, so zeigt das Fehlen der umgekehrten Schreibung *t*(*h*) für got. *d* im Inlaut vielleicht an, dass dieses alte got. *d* sich von dem neuen ostgot. unterschied, möglicherweise also bereits explosiv geworden war. Tritt hingegen *d* in den ostgot. Auslaut, so zeigt seine Wiedergabe dasselbe Schwanken zwischen *d* und *th*, wie bei Wulf. vor dem Nomin.-*s*: die Composita mit *-*reiþs* oder *-*rêþs* endigen ostgot. auf -*rit* -*rith* -*rid*, die mit *-*môþs* auf -*mod* -*mud*. Hier ist also die alte Spirans bewahrt geblieben. Sonst zu diesem Wechsel Braune, Got. Gr.[3] § 74, 1.

þ.

Got. *þ* ist im Anlaut erster und zweiter Compositionselemente intact geblieben. In der Transscription ist gr. ϑ das Regelmässige, während lat. *t* und *th* nach dem S. 170 Gesagten bunt wechseln.

Got. *þ* ist im ostgot. Inlaut in derselben Wandlung begriffen wie im wand.[1]: die tonlose interdentale Spirans ist tönend geworden, sowohl intervocalisch wie postconsonantisch ist die Schreibung *d* häufiger als das ursprüngliche *t*(*h*). Nur *d* fand sich zwischen Vocalen in den Compositis mit *frid*-[2] (an beiden Compositionsstellen), in *Quidila*, *Ruderic*, *Darida*, während *Eutharic* (1 *Ehude*-) dem Wechsel *Adiud* und *Adiut*(*h*), ständiges *Athalaric* den *Adila Aderith Ademund Adiuth* gegenüberstanden und ebenso die Münzen zwischen *Theodahat*(*h*)*us* und -*hadus* wechselten. In postconsonantischer Stellung zeigte sich der Reibelaut in *Erduic*, *Holdigern*, *Sigivuldus* gegenüber den appellativen *vulthres*,[3]

[1] Wand. 104.

[2] Die got. Transscription *Sunjaifriþas* fällt natürlich nicht ins Gewicht.

[3] Ein glänzendes Zeugnis für den sprachhistorischen Wert der Eigennamen, welche in diesem Falle dem Appellativum graphisch vorausgeeilt scheinen.

in *Nandwin*, *-nandus* gegenüber *-nantha*, in *Gund-* gegenüber ständigem *-suentha*, in *Fandigild Sendefara Sinderith* gegenüber *Sindila Sinthila*. Man könnte versucht sein, zu solchem Nebeneinander von jüngerer und älterer Stufe Fälle wie got. *awiliud* gegenüber *liuþareis*, an. *fimbul-* in verstärkenden Zusammensetzungen gegenüber *fifl-* [1], got. *naudi-þaúrfts naudi-bandi* gegenüber *nauþs nauþai nauþjada* [2] zu stellen. Vielleicht aber warnt grade dieser blosse Schein grammatischen Wechsels, dessen Belege sich unter keinen gemeinsamen Gesichtspunkt subsumieren lassen, davor, auf Accentverschiebung im germ. Compositum Rückschlüsse zu machen.[3] Richtiger wird man in dem beständigen Schwanken zwischen *th* und *d* nur das Bestreben nach möglichst genauer Wiedergabe des spirantischen *d* erkennen, vielleicht auch das *th* als incorrectere Schreibung für das aus dem Ahd. bekannte *dh* ansehen dürfen, auf welches der lateinische Schreiber nur nicht verfiel, weil es dem Latein vollkommen fremd war.

s.

Wie das wand. *s* [4] zeigte auch das ostgot. von dem wulf. keinerlei Abweichung. Tönendes und tonloses *s* werden nicht unterschieden,[5] und von einem Übergange des ersteren in *r* ist keine Spur vorhanden (*Gesila*, *Usda*, *Rosemud*, *Cessa*). Über den Abfall des Nominativ-*s* s. unter „Declination".

---

[1] Weinhold, Zs. VI, 318.

[2] Joh. Schmidt, Anz. VI, 126.

[3] Kluge in Pauls Grundriss I, 338.

[4] Wand. 105.

[5] Bekannt ist die Verwischung des germ. Unterschiedes von *s* und *z* in der got. Bibel, ohne dass bisher eine befriedigende Erklärung gefunden wäre (Paul, Beitr. VI, 547 f.); denn für den einfachen Ausweg der Ausgleichung sind die Inconsequenzen zu gross. Ist unser obiges gleichmässiges *s* nicht nur graphisch, sondern spricht es für ostgot. Zusammenfall von wulf. *s* und *z*, dann ist der Einfluss der ostgot. Abschreiber auch in diesem Punkte für die Bibelhss. zu berücksichtigen, und ihrer Unsicherheit *s* und *z* zu unterscheiden mögen Schreibungen wie *rausa kasa saislêp* einerseits, *riqiz mimz aiz* andrerseits (Scherer, zGddS[2] 182 f.) zur Last fallen.

4. Gutturale.

c. q.

Die wulf. gutturale Tenuis ist im Ostgot. unverändert. Für vereinzelte Aspirationserscheinungen ist auf S. 54 f. zu verweisen, wenn man sie nicht mit der Aspirierung des lat. *c* auf gleiche Stufe stellen will.[1] *c* und folgendes bilabiales *w* in *Quidila.*

g.

Der für das Got. bisher wenigstens wahrscheinliche Unterschied von explosivem *g* im Anlaut und spirantischem im Inlaut[2] lässt sich für das Ostgot. beweisen.

Im Anlaut ist *g* die durchaus reguläre Schreibung und zwar im Anlaut sowohl des ersten wie des zweiten Compositionsgliedes. Während für inlautendes *g* vor *i* oder *j* häufiger Schwund und deshalb spirantischer Character sogleich zu constatieren sein wird, fanden wir in der Zusammensetzung doch nur *Fandigild Alagild Winigild Witigis Sisigis Wiligis Hunigis* u. s. w. ohne Spur eines ähnlichen Ausfalls wie in *Daila sajo* u. s. w.[3] Dazu kommt die gelegentliche Schreibung *c* für *g* im Anlaut: *Coio Cessa Theodicoto Witc(h)is*;[4] vgl. über dieselbe oben S. 65. Über *Ghiveric* bei Marini S. 118.

Inlautendes *g* ist in der Überlieferung nach Consonanten fest, vermutlich also auch hier sein Lautcharacter explosiv wie der des postconsonantischen *d* und *b*. Intervocalisch hingegen kann sein Fehlen in *saio* für **sagio*, in

[1] Seelmann 260 f.; daselbst inschriftliche Belege.

[2] Braune, Got. Gr.[3] § 65. Jellineks Media affricata (Beitr. XV, 282) im got. Inlaut kann mich nicht überzeugen.

[3] Von den Beispielen, welche Dietrich 73 f. für den Schwund des *g* auch im Anlaut des zweiten Wortelementes bringt, gehört dem Ostgot. keins an. Wenn sich 693 ein westgot Name *Vitisclus* findet, während uns Cass. einen Ostgoten *Witigisclus* nannte, so ist bei jenem die ursprüngliche Selbständigkeit des hier benutzten zweiten Compositionsgliedes nicht mehr gefühlt, dasselbe vielmehr als blosses Suffix empfunden und behandelt worden. Auch hier kann wieder allein dialectische Scheidung helfen, welche bei Dietrich fehlt. Inschriftlich schon 547 ein Westgote *Gundiisclus* CIL XII, 2185.

[4] Dietrich 73.

Daila für *Dagila*, auch wohl in *Oraja* und *Teja* und manchem *Sisi-* für **Sigisi-* nur auf seiner in dieser Stellung spirantischen Natur beruhen. Aber sein Ausfall vor folgendem *i* oder *j* wird in all diesen und ähnlichen Fällen [1] nur als ein graphischer, nicht als ein lautlicher betrachtet und deshalb von *mawi* < **magwi* ferngehalten werden müssen. Denn er ist in der Überlieferung nur ein gelegentlicher [2] und hat andre Fälle mit Erhaltung des *g* neben sich (*Sigis-*, *Igila*). Es ist bekannt, dass das lat. *g* dem germ. *j* nahe gestanden hat und z. B. das Vorbild für die runische Gestalt des letzteren abgab;[3] beachtet man ferner den Umstand, dass in vulgären lat. Inschriften *g* bisweilen ein *j* vertritt,[4] so ist es leicht von *Dagila* über **Dajila* zu *Daila* zu gelangen und in letzterem dasselbe „etwas diphthongische" *i* wie etwa in lat. *abicere ais* u. ä. zu erkennen.[5] Der vorliegende Process ist also derselbe wie der aus mhd. Formen wie *treit* < *tregit*, *meit* < *maget* u. ä. bekannte,[6] nur das lautliche Resultat ist noch nicht so weit vollendet. Aber eine sprachgeschichtliche Chronologie dieses Vorganges ist gegeben, wenn unser Ostgotisch spirantisches *g* bei folgendem *i* verflüchtigt, wenn später das Alemannische auch sein explosives *g* durch folgendes *i* mouilliert, wenn endlich das Mitteldeutsche den secundären Diphthong auch ohne folgendes *i* entwickelt.[7]

Über auslautendes *g* vgl. zu *Erduic* oben S. 74. Entstammt dessen *-c* nicht bloss lat. Schreibart, wie daselbst angenommen wurde, so beweist es für got. *g* im Auslaut die Explosiva, in keinem Falle aber spricht es für Jellineks Affricata (a. a. O.).

Über wulf. und ostgot. *ggw* oben S. 78 f.

---

[1] Dietrich 73 f.; Sievers in Pauls Grundr. I, 416.
[2] Vgl. oben S. 110.
[3] Henning, Runendenkm. 154.
[4] Seelmann 349.
[5] Seelmann 232. 234 f. 236.
[6] Fischer, Zur Gesch. d. Mhd., Tübingen 1889.
[7] Fischer 25.

h.

Dass der rein gutturale Lautwert des ostgerm. *h* stark verflüchtigt und zu dem eines blossen Hauchlauts herabgesunken war, folgt aus der Sprache Wulfilas,[1] aus seiner Behandlung im Nordischen[2] und im Krimgotischen[3] grade so wie aus seiner Wiedergabe im wandilischen Namenschatze:[4] ganz regellos wird es im Anlaut, Inlaut, Auslaut bald geschrieben bald unterdrückt. Und wie das germ. Runenzeichen für *h* dem lat. Alphabet entstammt, so zeigt auch die gleiche willkürliche Behandlung von lat. und germ. *h* in den schriftlichen Quellen ihre lautliche Verwandtschaft. Für seine organische Schwäche im Ostgot. spricht ferner die Möglichkeit, dass mit *h* anlautende Stämme an zweiter Compositionsstelle wie vocalische Anlaute den vorhergehenden Stammesauslaut angreifen können. Für das Wand. bewiesen trotzdem allitterierende Namengruppen (*Hunarix* und *Hildirix*, Vater und Sohn), dass von einem gänzlichen Schwund des *h* noch nicht die Rede sein konnte. Solche Beweise fehlen leider zufällig für das Ostgotische; doch werden wir trotzdem auch hier überflüssiges *h* streichen und fehlendes restituieren dürfen.

5. *l, r, m, n.*

Für *l, r, m, n* sind keinerlei Abweichungen von der wulf. Grammatik zu verzeichnen.[5]

Die Wand. 52 behandelte Schreibung *scl* für germ. *sl* zeigte sich in *Θευδέγισκλος Witigisclus Wiligisclus*; einen andern Ausweg mittels Zwischenvocals zeigte der *Οὐλιγίσαλος* des Proc., beide vereint der *Unscila* des Cass. Dass die Lautverbindung dem römischen Organ nicht genehm war, dafür vgl. lat. *ala* mit as. *ahsla* ahd. *ahsala*, lat. *velum* mit aksl. *veslo*, lat. *telum* mit ahd. *dehsala* aksl. *tesla*.

---

[1] *Waúrstw* < **waúrhstw*, *þûsundi* < **þûs-hundi* (Kluge in Pauls Grundr. I, 330. 406).

[2] Noreen § 217.

[3] Vgl. *iel ael ano seis* mit wulf. *hails hallus hana saihs* (Tomaschek 62 ff.).

[4] Dietrich 77; Wand. 107 f.

[5] Vgl. Wand. 108.

DECLINATION.[1]

Von der Aufstellung fertiger ostgot. Paradigmata müssen wir natürlich absehen. Was die Überlieferung für ostgot. Declination an die Hand gab, das beschränkte sich auf die Nominativform und Kennzeichnung der Declinationsclassen im allgemeinen. Zeigten erstere eine auch den alten Sprachen geläufige Flexionsendung, so war diese gewöhnlich in der lat. und gr. Umschrift beibehalten. Im andern Falle gaben die Quellen den got. Namen entweder flexionslos oder sie bekleideten ihn mit einer specifisch lat. oder gr. Endung; aber diese Interpretatio romana gewährte trotzdem sehr deutliche Hinweise auf die ursprüngliche Declinationsart, wenn etwa die germ. *a*-, *i*-, *n*-Stämme auch im lat. Gewande *o*-, *i*-, *n*-Flexion zeigten. Auf diese Weise war es möglich zu folgenden Resultaten zu kommen.

1. Starke Declination.

a. Masculina.

Das Characteristische für die ostgot. masc. Vocalstämme ist gegenüber der wulf. Grammatik die Einbusse des Nominativ-*s*. Dieselbe war belegt für *a*-, für *ja*-, für *i*-Stämme: *rîc, mund* (die *a*-Bildung secundär), *wulf*, *wîh wîc*, *wulth, rîth, mộth, gîs* (hier nach stammhaftem *s* wie schon bei Wulf.), *Wandil, nanth, wit, thanc, diakôn, l(e)ub, war, iuth; hari; mẹr, win.*

[1] Auf eine Behandlung der ostgot. Conjugation müssen wir verzichten, weil uns eine phonetische Wiedergabe ostgotischer Verbalformen abgeht. Denn die Conjugationsformen in den beiden Urkunden weichen von ihrer wulf. Gestalt nicht ab, stehen also unter demselben schriftsprachlichen Banne wie die Bibelhss. (Neap.: *ufmêlida*, *andnêmum*, Arezz.: *gawaúrhta*, *andnam, ufmêlida*); und der got. Hexameter in der lateinischen Anthologie entstammt nicht ostgotischer Zeit (vgl. S. 140 f.). Mehr als Rückschlüsse aus der oben skizzierten Lautlehre sind daher für die Conjugation nicht möglich. Wenn das Ostgot. allgemein das wulf. *ai* zu *e* monophthongiert und andrerseits das Wand. den Diphthong in Stammsilben zwar noch fest bewahrt, jedoch in der Flexionssilbe zu *e* werden lässt (*armes* = wulf. *armais*, Wand. 92. 111), dann dürfen auch die Monophthonge in den ostgot. Flexionsendungen ausser Zweifel stehen.

Demnach ist der Process, dessen Anfänge sich schon im wand. Dialect zeigten[1], im ostgot. zu Ende geführt, und die Vergleichung der beiden Dialecte gewährt einen höchst interessanten Einblick in seine Entwicklung und Chronologie.[2] Das Wand., dessen Lautstand für das 5. Jahrh. und das erste Drittel des 6. sich eruieren liess, hat das Nomin.-*s* nur nach Dentalen abgeworfen, nach Gutturalen hingegen fest bewahrt (labiale Belege fehlen): das Ostgot. des 6. Jhs. hat das Nomin.-*s* überhaupt getilgt!

Der erste Anfang dieses consonantischen Auslautsgesetzes liegt bereits im wulf. Got. vor, wenn das *s* des Nom. sing. nach *s* (*ss, z*) schwindet (*freihals drus garuns swês* u. s. w.), und ist hier ohne weiteres verständlich. Die nächste Stufe zeigt ebenfalls Wulf. schon, wenn bei ihm das *s* auch nach *r* zuweilen fehlt (*waír baúr anþar unsar* u. s. w.). Aber die bisherigen Erklärungsversuche hierfür befriedigen nicht. Braune[3] will *s* nach *r* schwinden lassen, wenn ein kurzer Vocal vorhergeht; jedoch ein phonetischer Grund für diese Unterscheidung ist nicht einzusehen, und *stiur* bleibt Ausnahme. Und Brugmanns[4] *-r* < *-rr* < *-rz* müsste in eine auffallend frühe Zeit fallen, wo die Nominativendung noch tönendes *z* war, entbehrt im Inlaut jeder Analogie (*faírzna aírzeis marzjan*), wird besonders unwahrscheinlich durch das keine Spur vom *z* > *r*-Übergang verratende spätere Gotisch,[5] findet selbst im An. keine Parallele (*hamarr annarr ýþvarr* u. s. w., nicht *-ar*); und wenn das Nomin.-*s* beim Masc. der Adjectiva zur Unterscheidung vom Neutr. sonst restituiert sein soll (*hôrs skeirs*), so ist nicht einzusehen, weshalb diese Restituierung nicht auch beim Masc. von *anþar unsar* eingetreten ist, zumal grade hier das Fehlen der pronominalen Neutra auf *-ata* eine

[1] Wand. 105 f.

[2] Vgl. Wand. 106.

[3] Got. Gr.³ § 78, 2.

[4] Vgl. Gr. I, 519. II, II, 531.

[5] Oben S. 172. Vgl. romanische Lehnwörter wie pr. *raus* fr. *roseau* mit got. *raus*, fr. *besi* mit got. *basi*, welche somit aus dem Gotischen entlehnt sind (Diez, Gr. I³, 315).

Differenzierung der beiden Genera dringender hätte erheischen sollen. Das *-s* jener Adjectiva halte ich vielmehr für das alte unangetastete Nom.-*s*, und seine Beseitigung in *anþar unsar* u. s. w. ist eine analogische, veranlasst durch Einwirkung der Verwandtschaftsnamen (*brôþar daúhtar swistar fadar* [1]) und zuerst etwa anzunehmen in Verbindungen wie *unsar(s) brôþar, izwar(s) fadar*. Der weitere Anschluss des Lehnwortes *kaisar* an diese Gruppe wurde durch dessen lat. Form erleichtert. Dazu kamen ferner Wörter wie *waír* [2] „Mann" *baúr* „Sohn", und bei ihnen ist die Bedeutung in Betracht zu ziehen: wie *brôþar fadar kaisar* sind es männliche Personalbenennungen: das stammbildende *r*-Suffix aber hat ursprünglich nicht nur die Verwandtschaftsbenennungen, sondern allgemein Nomina agentis gebildet, [3] und zu solchen sind *waír baúr* infolge ihrer functionellen Ähnlichkeit auch in flexive Analogie getreten. Es bleibt daher sehr fraglich, ob zu *gabauram* (Röm. 13, 13) und *gabaurôs* (Gal. 5, 21) der Nom. sing. als *gabaúr* und nicht vielmehr als *gabaúrs* angesetzt werden muss, zumal zum Unterschied vom Neutr. *gabaúr* „Steuer". [4] Und ebenso wenig zwingend ist Braunes Ansetzung **war* statt **wars* für das Adj. [5] Dagegen kann für das nur einmal belegte *stiur* (Nehem. 5, 18) gleichfalls seine actionelle Bedeutung („Zuchtstier") in Betracht kommen. [6]

Als eine weitere analoge Entwicklung den ausgedehnteren Schwund des Nom.-*s* im Wand. und Ostgot. aufzufassen, liegt zuerst am nächsten. Danach wären von unsern Belegen die Namen auf *-mę̂r* voranzustellen: der Abfall des *-s* hätte sich auf alle mit *r* auslautenden Stämme

---

[1] Scherer, zGddS² 179. Brugmann, Vgl. Gr. II, II, 529.

[2] Kann got. *waírs* „schlimmer" hier den unterscheidenden Schwund des *s* befördert haben?

[3] Sievers, Beitr. V, 527; Brugmann, Vgl. Gr. II, I, 354. 364.

[4] Zimmer, QF XIII, 306, hält beide für identisch und möchte den Differenzierungsversuch im Genus Wulf. zuschreiben, was aber ganz unwahrscheinlich ist.

[5] § 124, 1.

[6] Vgl. hiermit Schulze, KZ XXIX, 271.

verallgemeinert.[1] Auf der nächsten Stufe hätte er alle dental auslautenden Stämme ergriffen,[2] und bis hierher ist das Wand. gegangen. Das Ostgot. endlich macht den Abfall des Nom.-*s* zum allgemeinen Gesetz. Es fragt sich nur, weshalb diese ursprüngliche Analogiewirkung zu solcher Ausnahmslosigkeit gelangte. Hierfür möchte ich keineswegs mit Sievers[3] von den Eigennamen ausgehen und das Fehlen des Nom.-*s* aus einer Vermischung des Vocativs mit dem Nominativ erklären; schon das endungslose *diakôn* ist damit nicht zu vereinigen. Eher wird mit Braune[4] eine Einwirkung des Acc. zu acceptieren sein, aber doch nur in bestimmtem Masse; denn es ist nicht einzusehen, weshalb eine solche Analogiewirkung sich nach dem Lautcharacter der vorhergehenden Consonanz richten und im Wand. das Nomin.-*s* nach Dentalen consequent tilgen, nach Gutturalen ebenso consequent bewahren sollte. Dieser präcise Unterschied weist vielmehr darauf hin, dass die ursprüngliche Analogiewirkung sich zu einem wandilischen Lautgesetz formuliert hat: das Nom.-*s* schwindet nach allen homorganen Lauten. Und dann erst wird die hierdurch erzeugte Gleichheit von Nom. und Acc. der substantivischen Dentalstämme auch auf die andern Auslaute gewirkt haben. Also: 1) lautlicher Schwund des Nom.-*s* schon bei Wulf. nach stammhaftem *s*, 2) analoger Schwund des Nom.-*s* schon bei Wulf. in bestimmten Einzelfällen nach dem Vorbilde der Verwandtschaftsbenennungen und Nomina agentis mit Suffix *-ar-*, *-tar-*, 3) nachwulfilanische Ausdehnung auf alle got. *-rs*, 4) im Wand. Abfall des *-s* nach allen Dentalen, 5) der durch die Gleichheit von Nom. und Acc. der

[1] Inschriftliche Belege auf den wand. Königsmünzen des *Geilamir* (nur so; Friedländer, M. d. Wand. 34), auf einer silbernen Schale mit derselben Namensform (Ephem. epigr. V, 826, pg. 426), auf einem quadratischen Stein mit *Geilimer* (CIL VIII, 10862). (Letztere zwei wand. Nachträge, die mir Wand. 81, 1 noch unbekannt waren, verdanke ich meinem Freunde Dihle, der mich auch auf die wand. Inschriften CIL VIII, 2013. 10516. 9835 aufmerksam macht.)

[2] Wand. 106, oben S. 176.

[3] Pauls Grundriss I, 416.

[4] Brieflich.

Dentalstämme veranlasste analoge Schwund jedes Nom.-*s* im Ostgot.[1]

Mit Recht warnt mich Braune davor, den so im Wandilischen constatierten Abfall des Nom.-*s* mit dem westgerm. in irgendwelche Verbindung zu bringen[2] und die für das Wandil. gewonnenen chronologischen Resultate irgendwie zu verallgemeinern. Aber die zahlreichen sicheren ostgot. Belege lassen an dem Process selbst, wenn die wand. Stützen noch nicht genügend erschienen, nicht mehr zweifeln; und wenn die Entwicklung desselben innerhalb des Wand. und des Ostgot. die Vermutung nahe legt, dass er überhaupt als ein wandilisches Dialectcharacteristicum zu gelten hat, so spricht wenigstens der letzte wandilische Ausläufer, das Krimgotische, nicht dagegen: Busbecks Glossar[3] überliefert krimgot. *stul wingort alt tag rinck waghen apel schwalth iel ael statz* (*tz* = *þ* wie in *goltz* = *gulþ*, *tzo* =*þu*) *telich* für wulf. *stôls weinagards alþeis dags *hriggs *wagns *aplus *swults hails hallus staþs *dwaleiks*, und in dem fraglichen Auslaut von *wintch* = wulf. *winds*, *fisct* (d. i. gewiss *fisch*) = *fisks*, *bars* = **bards*, *rintsch* (mons), *borrotsch* (voluntas) darf man daher nicht altes Nomin.-*s* sehen;[4] demselben geht in diesen Worten regelmässig ein Dental vorher, und er bedeutet nichts weiter als eine ursprünglich ungermanische Assibilierung oder Mouillierung dieses Dentals, welche in *schwalth* und *wintch* und *borrotsch* und *goltz* nur eine verschiedene Bezeichnungsweise gefunden hat. — Was dieses flexive Resultat für unsere

---

[1] Diese letzte Stufe schien auch für das Wand. schon angedeutet zu sein, wenn eine Inschrift *Raginari* (Wand. 86) bot. Aber schon Wand. 106 warnte ich vor Verallgemeinerung dieses Einzelfalles. Die wand. Herkunft dieser Inschrift war nur durch ihren Fundort wahrscheinlich. Sie mag trotzdem einen Ostgoten nennen, da *ragin* auch sonst im ostgot. Namenschatze vorkommt (oben S. 150), und zum *Uftahari* der Neap. Urk. zu stellen sein. Jedenfalls ist meine lautliche Erklärung (Wand. 86): *harjis* > *harji* > *harî*, haltlos, denn die got. Urkunde würde dann **harei* geschrieben haben (vgl. *meinai* gleich daneben); vielmehr spricht sie für die oben gebilligte Vermischung von Acc. und Nom.

[2] Wand. 113.

[3] Tomaschek 58 ff.

[4] Sievers in Pauls Grundr. I, 416.

historische Grammatik besagen will, braucht nicht weiter ausgeführt zu werden: es fällt damit eine der gewichtigsten Stützen der ostgermanischen Einheit! [1] Sie war bereits angegriffen worden durch den Nachweis der westgerm. Dative *Vatvims* und *Aflims*,[2] welche zusammen mit den an. Dativen *tveimr* und *þrimr* und den run. *gestumR* und *borumR* das auslautende *s* für die Endung des Dat. pl. als gemeingermanisch erwiesen.[3] Jetzt zeigt sich andrerseits, dass der spätere Abfall des ursprünglich auslautenden *s* im Nom. sg. nicht auf das Westgermanische beschränkt bleibt.[4] —

Was die Unterscheidung der starken Masculina nach den einzelnen Declinationsclassen betrifft, so durften nach den oben S. 10. 176 u. ö. ausgeführten Criterien für das Ostgot. folgende starke *a*-Masculina aufgestellt werden: *Gut, Greoting, Amal*, *-rîc, -mund* (secundär, vgl. unter „Suffixbildung"), *-gern, -wulf*, *-wîc -wîh, -gast* (secundär), *-wulth*, *-rîth, -hath*, *-gîs, -gîsl*, *-mộth, wisand, -wath*, *Wandil, -frith*, *-scalc, -nanth*, *-wit*, *-thanc*, *Dan*, *-leub*, *diakôn, -war*, *-ẹuth*, *-gild*. — Für die *ja*-Stämme giebt das *Uftahari* der Neap. Urk. die ostgot. Form.[5] Danach auch *Starchêdi* (S. 128) und die primären Hypocorismen mit Suffix *ja*: *Theudi* (= wulf. **þiudeis*), *Waci* (**Wakjis*), *Albi* (**Albeis*), *Neudi* (**Niudeis*). Letztere zeigen im lat. oder gr. Texte zwar die Endung *-is*; dass diese jedoch eben nur lat. oder gr. Ursprungs ist, wird durch ihr Vorkommen auch in westfränkischen Namen bewiesen;[6] *-ις* ist die in griech. Personennamen geläufige Koseendung[7] und hier für ihre got. Entsprechung grade so eingetreten wie gelegentlich lat. *-o* gr. *-ων* bei

---

[1] Scherer, zGddS² 179 ff.; Zimmer, Zs. XIX, 394. 397.

[2] Much, Zs. XXXI, 357.

[3] Scherer 188.

[4] Scherer 187.

[5] Die normale Graecisierung und Latinisierung zeigten der *Βανδαλάριος* des Proc. und der *Wiliarius* des Cass. für ostgot. *Wandalari* und *Wiliari*: *-αριος* *-(h)arius* ist genaue Entsprechung zu got. **harjas*, wie die vorhistorische Form jetzt mit Brugmann (Vgl. Gr. I, 517 f. II, II, 532), Kauffmann (Beitr. XII, 539 Anm.), Streitberg (Beitr. XIV, 181) anzusetzen ist.

[6] Vgl. schon J. Grimm, Gr. I¹, p. XLIX.

[7] Fick, Personennamen XXVII.

den schwachen *an*-Stämmen. — Von den *wa*-Stämmen boten sich Composita mit wulf. *þiwa-* **badwa-* dar, leider nie ohne lat.-gr. Flexion, welche hier natürlich besonders nahe lag; doch wird die Analogie aller andern *a*-Stämme gestatten auch ostgot. **thęu* **badu* anzusetzen. — *i*-Stämme lagen vor in *-mệr* *-win* *wulthr*. — Für andre Casus als den Nom. sing. ist nichts zu ermitteln ausser, wie aus Obigem folgt, dass der Acc. sing. dem Nom. gleich lautete.

b. Feminina.

ô-Stämme (movierte Formen): *-leuva, -frida, -berga, -swęntha, -wara, -nantha, -fara, -wệra, -wada.* — Als *jô*-Stamm war ostgot. *-hildi* inschriftlich und urkundlich belegt, und danach durfte auch die Latinisierung *-gunda* als ostgot. *-gundi* restituiert werden.

2. Schwache Declination.

a. Masculina.

Dass hier die wulf. Endung *-a* im Ostgot. intact geblieben, wurde in erster Linie durch die zahllosen primären Hypocorismen auf *-a* und secundären auf *-ila -ica* bewiesen; dazu noch *Ostrogota, Darida.* Die Belege sind so zahlreich, dass die vereinzelten Namen auf *-o* (*Orajo, Bojo, Riggo, Tzalico*) für die ostgot. Endung an sich bedeutungslos sind: es ist nur die lat.-gr. Koseendung[1] an die Stelle der got. getreten, und lat. *Talico Taliconis* gegenüber got. **Talika *Talikins* ist nicht anders zu beurteilen wie etwa lat. *-nandus -nandi* gegenüber got. *-nanþs -nanþis.* Immerhin mag in gewissen Namen die lat. oder gr. Endung fest geworden sein, und wenn z. B. der bekannte Wandale stets *Stilico* *Στελίχων* genannt wird,[2] so ist zu bedenken, dass der grosse Staatsmann sich immer in römischen oder griechischen Hofkreisen bewegte, seinen Namen unter lateinische oder griechische Urkunden zu setzen hatte u. s. w. Ebenso lautet das ostgot. Appellativum bei Cass. regelmässig *sajo* statt **saja*: sein ständiger amtlicher Gebrauch hat es der

[1] Fick, Personennamen XXIII f.

[2] Wand. 49.

lat. Canzleisprache accomodiert. Aber das sind alles vereinzelte Ausnahmen, die für die ostgot. Vulgärsprache nichts ausmachen. Bezeichnend war hierfür auch das Nebeneinander von *Οὐραΐα* und *Oraio.*[1] Ebenso ungotisch und durch ihre Vereinzelung als unregelmässig erwiesen ist statt des *-a* die gelegentliche Endung *-as* (z. B. *Γρίππας*, *Totilas*); sie ist griech. Herkunft und schon aus der wulf. Bibel bekannt (*satana* und *satanas*, dagegen *papa* gotisiert aus *παππάς* u. s. w.).[2]

jan-Stämme: *Marcja, Oraja, Matja, Teja* (mittelbar auch *Wilja, Sibja*).

Die Flexion der *an*-Masculina ist in den Quellen gewöhnlich die der ersten lat. Decl. Daneben zeigte sich eine mechanische Characterisierung durch Anfügung einer *n*-Endung in lat. Formen wie *Thancane* (Abl.), *Mannani Mannanis* (Gen.) u. ä. Correcter war die palatale Färbung des got. Endungsvocals bewahrt in den obliquen Casus lat. *Waccenem Mazenis Patzenis Cessinis*, welche auf die got. Genetive und Dative **Wakins* **Matjin* u. s. w. weisen und für ostgot. *-ęn(s)* gegenüber wulf. *-in(s)* sprechen können.[3]

b. Feminina.

Ostrogoto Theodegoto Mammo Tulgilo Runilo Sifilo bezeugen die Erhaltung der alten wulf. Nom.-Endung; dieselbe, constant *o* geschrieben, hat die Färbung zu *u* also mit den Stammsilben nicht mitgemacht, — ein Unterschied, wie er grade so aus dem Ahd. bekannt ist.[4] Die Flexio romana zeigt die entsprechenden *n*-Bildungen. Vereinzelte Latinisierungen in *-a -ae* sind belanglos.

WORTBILDUNG.

1. Nominale Composition.

Der Compositionsvocal, welcher bei Wulf. je nach der Natur des Stammesauslauts des ersten Gliedes bewahrt

[1] Vgl. hierzu Dietrich 82; Henning, DLZ 1887, 1549.
[2] Vgl. schon Jac. Grimm, Gr. I¹, p. XLVIII; Kl. Schr. III, 392.
[3] Vgl. oben S. 162.
[4] Braune, Ahd. Gr. § 38, 2. 63.

blieb (*wiga-deinô, gasti-gôds, faihu-skula*), zeigt in den ostgot. Eigennamen (soweit er erhalten) eine entschiedene Neigung zur Abschwächung und zwar in palataler Färbung: *ę* werden wir im allgemeinen als den ostgot. Bindevocal bezeichnen können.[1] Namentlich das wulf. *u* der Compositionsfuge ist diesem Process erlegen: *Hereleuva* (wenn = wulf. **Hairu-liuba*), *Wisibadu* (**Wisu-badus*), *Felithanc* (**Filu-þagks*). Sonst lässt sich die lautliche Reihe *-a-* > *-e-* > *-ę-* > *-i-* durch alle Stufen hin im Ostgot. verfolgen und zeigt damit, wie der ganze Vorgang noch im Werden begriffen ist. Characteristisch war bei den *ja-* und *jan*-Stämmen die im einzelnen belegbare Stufenfolge *-ja-* > *-je-* > *-i-*, worüber oben S. 68 f. und 87 f. zu vgl. Spuren solcher Vocalschwächung, d. h. Eindringen des Schreiberdialects, können in den Bibelhss. die Glosse *seinai-gairnai* des Cod. A zu 2. Tim. 3,2 und die Variante *lausai-waurdai* in A zu *lausa-* Tit. 1, 10, d. i. *seinai-, lausai-* zeigen,[2] wenn hier nicht vom gedankenlosen Schreiber die Wortendung mechanisch vorausgenommen worden ist. Ob dieser Process trotzdem von den Eigennamen aus im gleichen Umfang auf die Umgangssprache des 6. Jahrhs. wird verallgemeinert werden dürfen, könnte zweifelhaft scheinen, wenn man bedenkt, dass auch die griech. Personennamen in der Compositionsfuge eine Vocalfreiheit zeigen, welche weiter greift als in der appellativen griech. Composition[3]; jedoch ist in der Überlieferung der letzteren schriftsprachliche Gewohnheit grade so in Rechnung zu ziehen wie in den got. Codd., und die grössere dialectische Genauigkeit liegt in diesem Falle bei der Schreibung der Eigennamen.

Zweisilbige erste Compositionsglieder bewahren ihre Zweisilbigkeit, d. h. den Fugenvocal oder Stammesauslaut, wenn das zweite Compositionselement mit einem Conso-

---

[1] Kremer will Beitr. VIII, 406. 426. 449 für ähnliche Fälle Einwirkung der lat. Compositionsregeln annehmen, — ein Ausweg von bezeichnender Willkür.

[2] Vgl. oben S. 141; Brugmann, Vgl. Gr. II, 1, 74 Anm.

[3] Fick, Personennamen XIV.

nanten ausser *h* oder *w* beginnt; dagegen kann der Fugenvocal vom Anlaut des zweiten Gliedes verschlungen werden, wenn dieser *h*, *w* oder ein Vocal ist; dreisilbige erste Compositionsglieder werden gern auf Zweisilbigkeit reduciert.[1] Dies die Regeln für die Zusammensetzung der ostgot. Eigennamen. Für ihren ersten Teil brauchen keine Beispiele wiederholt zu werden; es sei aber betont, dass er keinerlei Ausnahme fand und kein einsilbiges Compositionsglied bei consonantischem Anlaut des zweiten Elements vorkam. Bei vocalisch anlautendem zweiten Gliede schwand der Fugenvocal wie bei Wulf. Die organische Schwäche des got. *h* macht sich im Ostgot. wie bei Wulf. geltend, wenn die ursprünglich mit *h* beginnenden Wörter an zweiter Compositionsstelle den vorhergehenden Stammesauslaut grade so angreifen wie die vocalischen Anlaute;[2] doch ist der Process noch nicht consequent durchgeführt: die Neap. Urk. schreibt zwar got. *Uftahari*, aber die Vertauschung mit *Optarith* in ihrem lat. Teil ist nur möglich, wenn die Syncope des ersteren zu *Uftari* schon eingetreten war, *Uftahari* also zum Teil auf historischer Schreibweise beruht; die inschriftlichen *Tanilldi* und *Dumilda* zeigen die Syncope vollzogen, während die inschriftliche *Guntelda* der urkundlichen *Gundihildi*, Cassiodors *Ranilda* der urkundlichen *Ranihilda*, das *Theodahadus* der Münzen anderem *Θευδατος* *Theodadus* gegenübersteht. Für die Composita mit *w*-Anlaut im zweiten Gliede scheint die Sache ebenso zu liegen: *Scipwar Erdwih Gudwin Tolwin Odwin Nandwin Oswin Andwit Gundwulf Wadwulf* gegenüber *Suniwath Hildiwada Hildewara Bedewulf Aliwulf;* jedoch bei den fünf letzten hat die Frage insofern ihr besonderes Gepräge, als der letzte Laut des ersten Compositionsgliedes hier nicht der ursprüngliche Fugenvocal, sondern stammhaftes *j* ist (wir stellten *Suniwath* zu got. *sunjis, Hildi-* zu dem *jô*-Stamm **hildi*[3], *Bedewulf* zu *baidjan*, *Aliwulf* zu *aljis*); es wird daher für das Ostgot. der Schwund des Composi-

[1] Vgl. Grimm, Gr. II (1878), 390 ff.
[2] Vgl. Kluge in Pauls Grundr. I, 330, 3 Anm.
[3] Zu **Hildwulf* S. 145 vgl. vorläufig S. 162, 6.

tionsvocals vor *w*-Anlaut des zweiten Gliedes zu allgemeinem Gesetz erweitert werden dürfen. Bei Dreisilbigkeit des ersten Gliedes endlich zeigten nur *Amalafrida Amalaberga Amalaswintha Athalaric* Intactheit der ersten Compositionshälfte; dieselbe wird bei diesen der königlichen Familie angehörenden Namen auf einer historischen Pietät beruhen, da *Amal* und *Athal* amalische Ahnennamen waren,[1] und die gleichmässige Schreibung *Amala-*, *Athala-* (auch ohne Abschwächung des dritten *a*) einer traditionellen Schreibung entstammen.[2] Sonst wird die ursprüngliche Dreisilbigkeit des ersten Namenelementes zerstört, sei es durch Unterdrückung des Stammesauslauts, sei es durch Syncope der zweiten Silbe: *Evermud* (Jord.) — *Ebremud* (Marcell.) Ἐβριμοὺθ (Proc.), *Angelfrith* — *Ragnarith*. Auch bei Wulf. finden sich schon *sigislaun*[3] *þiudangardi* u. ä.: die selteneren dreisilbigen Compositionselemente im ersten Gliede accomodieren sich, gedrängt durch den nachfolgenden Stammsilbenaccent des zweiten Gliedes, den bei weitem überwiegenden zweisilbigen.[4]

Die somit gewonnenen ostgot. Compositionsgesetze zeichnen sich durch Einfachheit und Durchsichtigkeit aus. Es ist die Frage, ob sie zur Lösung des wulfilanischen Compositionsproblems etwas beitragen können. Wulfilanische Parallelen wie *guda-faúrhts* und *guþ-blôstreis, lausawaúrds* und *laus-qiþrs* sind ebenso bekannt und oft citiert als bisher noch unaufgeklärt;[5] namentlich Kremers ausführlicher Deutungsversuch kann in keinem Punkte überzeugen.[6] Andeutungen aus dem Folgenden gab ich bereits im Anz. XVI, 65 f.

---

[1] Vgl. oben S. 50. 84.

[2] Nur bei Fredeg. steht *Amalberga*, bei Cass. Var. IX, 1 *Amalefrida* in G[b].

[3] Joh. Schmidt fordert in KZ XIX, 281 richtig *sigisa-*.

[4] Weitere Corruption mehrsilbiger erster Namenglieder, wie sie Stark, Kosenamen 41 ff., behandelt, fehlt in der ostgot. Epoche noch.

[5] Holtzmann, Altdtsch. Gramm. I, II, 55; Kluge, KZ XXVI, 81; Kremer, Beitr. VIII, 380 ff.

[6] Vgl. zu seiner Characteristik in einem einzelnen Punkte auch Streitberg, Beitr. XIV, 190 ff.

Das Übereinstimmende in den wulf. und den ostgot. Compositionsformen zweier Nomina liegt in dem Schwund des Fugenvocals vor Vocal, in seinem Schwanken vor *h* und bei mehrsilbigem ersten Gliede. Das Neue beim Ostgot. liegt in seinem Schwund vor *w*.[1] Und letzterer findet in dem Lautcharacter des *w* seine einfache Erklärung: *w* ist infolge seines vocalischen Anlauts in die Analogie der Vocale überhaupt getreten. Ist damit bewiesen, dass der Compositionsmodus der mit vocalischem Anlaut des zweiten Gliedes gebildeten Zusammensetzungen analogice weiter um sich greifen kann, dann steht nichts im Wege, seine Einwirkung auch in Fällen wie wulf. *guþblôstreis lausqiþrs* u. s. w. zu erkennen. Dass wir für solche keine specifisch ostgot. Parallelen zur Hand haben, hat in dem Unterschied der Appellativa und Nomina propria seinen Grund. Für den germ. Personennamen ist die Bildung aus zweisilbigem ersten und einsilbigem zweiten Compositionsglied die bei weitem überwiegende, sie darf als die typische gelten; und bei der mechanischen Art der germ. Namengebung, welche die Bedeutung der Namenglieder früh abschwächte und besonders gern aus den in der Verwandtschaft vertretenen Namenelementen immer wieder neue Composita bildete, kehrte jener Typus beständig wieder, auch wenn das zusammengesetzte Appellativum in seiner Entwicklung bereits vorausgeeilt war und die ursprüngliche Zweisilbigkeit des ersten Compositionselementes angetastet hatte; in ahd. Zeit z. B. lässt es sich beobachten, wie der Eigenname erst später hierin nachfolgt und den Fugenvocal tilgt wie das Appellativum.[2] Wenn also auch die ostgot. Eigennamen das Eindringen jener Analogiewirkung nur bei *w*-Anlaut des zweiten Gliedes zeigen, wo es lautlich befördert wurde, nicht jedoch bei andern Consonanten, so darf auf die appellativen Composita daraus noch nicht geschlossen werden,

---

[1] Bei Wulf. nur *all-waldands ubil-waúrds twalib-wintrus*, von welchen jedoch die beiden ersten Deverbativa sind (vgl. *ubilwaúrdjan* = *ubil waúrdjan*) und das letzte sich aus *twalif wintrjus* (vgl. *fimfhunda* = *fimf hunda* u. ä.) erklärt.

[2] Vgl. dazu Kossinna, QF XLVI, 62 ff.

vielmehr können Bildungen wie *guþblôstreis lausqiþrs* schon zahlreicher gewesen sein als bei Wulf. Kremers „Behandlung der ersten Compositionsglieder im Gotischen“ aber muss höchst bedenklich erscheinen, wenn sie alle chronologische Entwicklung ausser Acht lässt und ein allgemeines Compositionsgesetz gleichmässig aus dem appellativen Got. des 4. Jahrhs. und aus den got. Eigennamen aller Jahrhunderte herleiten will. Dabei aber ist sehr characteristisch, dass die Namenbelege, welche er für Schwund des ersten Stammesauslauts beibringt, fast vollzählig Zusammensetzungen mit *h*- oder *w*-Anlaut im zweiten Gliede oder mit mehrsilbigem ersten Gliede, die wenigen Ausnahmen hingegen samt und sonders verzweifelte Entstellungen und dunkle Bildungen sind, welche er durch die kühnsten Etymologien, durch manchen Anachronismus und Vernachlässigung jeglicher dialectischer Unterschiede für seine Zwecke zurechtzustutzen sucht.

Fällt auf diese Weise Kremers ganzes Namenmaterial, und streichen wir bei ihm zweitens alle die appellativen Composita, deren zweites Glied mit Vocal, *h*, *w* anlautet oder mehrsilbigem ersten Gliede folgt, dann bleiben folgende wulf. Anomala[1] übrig: *guþ-blôstreis wein-drugkja man-leika ain-falþs ain-lif laus-qiþrs brûþ-faþs*.[2] Die analoge Einwirkung der Composita mit vocalischem Anlaut des zweiten Gliedes auf consonantische Anlaute ist also bei Wulf. erst eine ganz vereinzelte und dürfte grade so, wie sie bei den ostgot. *w*-Bildungen durch die halbvocalische Natur des *w* ihre besondere Beförderung fand, bei Wulf. noch Fall für Fall durch singuläre Gründe unterstützt worden sein: *guþblôstreis*, *weindrugkja* sind nach *guþ blôtan, wein drigkan* gebildet; *manleika* ist überhaupt keine Ausnahme, da sein erstes Glied ein consonantischer Stamm ist, sondern zeigt für einen solchen noch den ursprünglichen Typus, während

[1] J. Grimm, Gr. II (1878), 392: „Einschleichende Entstellungen der älteren Formen **weina-drugkja* u. s. w.?“ *Guþblôstreis weindrugkja lausqiþrs* sind nur je an einer Stelle zu belegen.

[2] *Allswêrein* Röm. 12, 8 ist längst richtig in *allawêrein* gebessert; vgl. Heyne[8] 130.

brôþra-, brôþru-lubô, nahta-mats, mana-maúrþja, mana-sêþs durch dieselbe Analogie vocalischer Stämme bereits beeinflusst sind, welche auch in die Flexion ihrer Simplicia gedrungen war (vgl. *brôþrjus, brôþrum, nahtam* u. s. w.); *ainfalþs* erklärt sich durch die gegensätzlichen *managfalþs fidurfalþs; ainlif* ist Zusammenrückung aus *ain lif* (dazu der Plural *twa-lif*); für *lausqiþrs* wäre directe Beeinflussung durch *laushandus* nicht undenkbar; und so bliebe nur *brûþfaþs* übrig, aber auch für dieses kann der ursprüngliche mit der Bedeutung zusammenhängende Accentwechsel Kremers nicht angenommen werden, denn zwischen *brûþfaþs* einerseits und *hunda-, synagôga-, þûsundi-faþs* andrerseits ist ein Unterschied in dem functionellen Verhältnis der beiden Compositionsglieder zu einander nicht zu erkennen.

Und so scheint mir der gesamte grosse Aufsatz Kremers zusammenzufallen trotz seiner unzähligen Reconstructionssternchen, seiner blendenden Citatenfülle und seines sonstigen hypergelehrten Apparates. Mit obiger mechanischer Formulierung des gotischen Compositionsmodus aber werden wir uns begnügen müssen, bis die Nominalcomposition der andern germ. Dialecte unter möglichster Berücksichtigung ihrer chronologischen Entwicklung behandelt sein wird. Die Resultate, welche Storch für das Ags. fand, sprechen nicht gegen sie.[1]

---

[1] Storch, Ags. Nominalcomposita (Strassburg 1886) 1: „Vor dem Ursprunge der Nominalflexion wurde die Zusammensetzung der idg. Nomina durch Aneinanderrückung der Stämme gebildet. Das später hinzutretende Flexionssuffix wurde als selbständiges Element zu dieser Wortverbindung nur einmal und zwar an das Ende gesetzt. So kam es, dass das Suffix mit dem zweiten Worte zusammenwuchs, während das erste den Character des reinen Stammes bewahrte. Die so entstandenen primären Composita, die von den durch Zusammenrückung zweier flectierter Wörter entstandenen secundären zu unterscheiden sind, bilden auch die Typen der urgerm. Nominalcomposita. Secundäre Composita tauchen erst in jüngeren Perioden der germ. Sprachen auf, breiten sich aber ziemlich rasch aus und gewinnen allmählich den Vorrang vor den primären. Die nhd. Nominalcomposita z. B. werden gegenwärtig zumeist nach secundärer Weise gebildet. Im Ags. kommt

2. Suffixbildung.

Nach Müllenhoff[1] sind alle Personennamen starker Declination der Form und Bedeutung nach ursprüngliche Adjectiva, die nur nicht wie die übrigen Adj. pronominale Declination angenommen, sondern die alte nominale behalten haben. Und Kossinna[2] hält nur diejenigen Namen für echt, d. h. ursprünglich, welche sich als Zusammensetzung eines Substantivs mit einem darauf folgenden Adj. erweisen, alle Namensformen aber, die zwei Substantiva, Adj. und Subst. oder zwei Adjectiva enthalten, für unursprünglich und einer verhältnismässig jungen Zeit angehörig. Ob diese onomatologische Grundregel insofern etwas einzuschränken ist, als Namen mit einem concreten Substantivum personale im zweiten Gliede (wie *harjis* = miles, **wins*, *þius, skalks*) trotzdem uralt zu sein scheinen, bleibe dahingestellt. Für ihre Ursprünglichkeit könnten sonst die Namen mit *-rîc-* sprechen (dessen keltische Entlehnung wird natürlich nirgends mehr gefühlt), die als lat. gr. *-ricus* *-ριχος* erscheinen, also an das Subst. *reiks* anknüpfen, nicht an das Adj., welches als *i*-Stamm (Nehem. 6, 17 *reikjanê*) auch im Lat. und Griech. entsprechende Flexion zeigen würde. Dagegen wäre zu den mit got. *skalks* componierten Namen ein secundäres Adj. mhd. *schalk* „hinterlistig, boshaft“ zu vgl., und ähnliche Bildungen könnten von jedem Subst. statthaft sein, wenn sie auch appellativ nicht immer belegt wären oder überhaupt nur für solche Namenbildungen bestanden hätten. Diese Frage bleibt also ebenso eine offene wie der Versuch, die Adj. im zweiten Namengliede practisch zu scheiden in primäre Adj. (got. *mêrs, liubs, gairns* u. s. w.), in secundäre, d. h. nur zur Namenbildung geschaffene Denominativa (**-munds*, **-gasts* u. s. w.) und deverbative Nomina

die secundäre Composition kaum in Betracht.“ Auch Storchs weitere Ausführungen zeigen, dass der Unterschied von primärer und secundärer Composition für den functionellen Character derselben von untergeordneter Bedeutung ist, und sprechen somit ebenfalls gegen Kremers Leitmotiv.

[1] Zs. XVI, 154.

[2] QF XLVI, 64. Anders Burg, Runeninschr. 17, 2; aber das Vorurteil liegt bei Burg.

agentis (**-rêþs, *-waþs, -berga, -fara* u. s. w.)[1]; denn wie das namenbildende denominative got. **-friþa-* zu got. *friþus* tatsächlich als an. Adj. *friþr* und das namenbildende deverbative **-wara* (vergl. gr. ὁράω) als got. Adj. *wars* vorhanden ist, so mögen **gasta-* „gastfreundlich“ zu *gasti-* u. v. ä. auch appellativ bestanden haben und nur zufällig nicht zu belegen sein. Mögen aber alle diese Secundärbildungen einmal selbständige Adj. gewesen sein oder nicht, das Characteristische an ihnen ist die Art ihrer Bildung: das Suffix *a* im Masc., *â* oder *jâ* im Fem.[2] Die Grundregel germanischer Namenbildung wird also vorsichtiger so zu formulieren sein: enthalten die typischen zweigliedrigen Personennamen im zweiten Gliede nicht ein ursprüngliches persönliches Concretum oder ein primäres, d. h. appellativ vorhandenes Adj., so liegt eine secundäre adjectivische *a*-Bildung vor. Die ausserordentliche grammatische Consequenz in der Flexion der germ. Eigennamen bei den lat. Historikern führt unbedingt darauf, dass z. B. in Namen wie *Conigastus Thrasemundus* nicht einfache mechanische Zusammensetzungen mit den Substantiven *gasts *munds* vorliegen, weil diese als *i*-Stämme auch im Lat. *i*-Flexion aufweisen würden; vielmehr haben sie ihren ursprünglichen Stammesauslaut abgeworfen und das Secundärsuffix *a* angenommen, grade so wie zum *i*-Stamm got. *wêni-* „Hoffnung“ ein adjectivischer *a*-Stamm durch alle Dialecte geht (ags. *unwên*, ahd. *urwânaz* u. s. w.) oder zum *i*-Stamm *wliti-* das An. die *a*-Adj. *dǫgglitr jarplitr* oder zum *u*-Stamm *fôtu-* das Ags. das *a*-Adj. *scâffôt* „curvis pedibus“ stellt.[3] Ein zukünftiges germ. Namenbuch wird sich daher der Aufgabe nicht entziehen dürfen, für jedes einzelne Namenglied auch eine lat. Flexionsstatistik aus den historischen Quellen zusammenzustellen.

---

[1] Dass auch letztere ursprünglich durchaus als Adj. und substantivisch gebrauchte Adj. zu betrachten, darüber Scherer, zGddS[2] 458.

[2] Für die Feminina ist *â* deverbativ (*-berga, -fara*), *jâ* denominativ (*-hildi, -gundi*), ein Unterschied, der noch einer besonderen Untersuchung bedarf.

[3] Zimmer, QF XIII, 225 f.

Dass das *a*-Suffix persönliche Concreta bildete, dafür brauchen appellative Beispiele nicht aufgezählt zu werden, man findet sie bei Zimmer bei einander. Aber ihre Entstehung fällt allermeist in vorhistorische Zeit; so üppig diese Suffixbildungen ursprünglich gewuchert haben, wie die Vergleichung der idg. Einzelsprachen ergiebt, so ist das Suffix im germ. Sonderleben so gut wie gar nicht mehr in lebendigem Gebrauch.[1] Nur in einem Falle hat Zimmer die letzte selbständige Wirksamkeit des Suffixes im Germ. nachgewiesen: die aus dem Ai., Gr., Lat. bekannten *a*-Bildungen, welche als zweite Glieder von Tatpurusha-Compositis vorkommen (vgl. *-dama; -δαμος*; *-dicus, -ficus, -cubus, -fer, -ger*), hat er mit zahlreichen Beispielen aus der an. Poesie belegt (*-svelgr, -verkr, -valdr, -ráþr, -grípr, -ríþr* u. s. w.) und damit den interessanten Nachweis gebracht, „wie ein Wortbildungsprincip, das der Sprache des gewöhnlichen Lebens längst abhanden gekommen war, in der der Poesie üppig fortwuchert.“ Und zu diesem einen letzten Reste lebendiger *a*-Bildung in der poetischen Sprache stellt sich der andere hier vorliegende in der germ. Namenbildung, welche ja immer etwas Poetisches an sich hat. Unter den ostgot. Namen begegnete der primäre Hypocorismus *Grîp(p)a*: er mag aus zweigliedrigem Namen gekürzt sein, dem etwa Zimmers an. *vingrípr, víþgrípr* an die Seite zu stellen wären; und zu den zahlreichen Namen auf *-rîth* laufen die poetischen an. Composita *aldráþr gagnráþr gangráþr grandráþr nýráþr, atríþr eykríþr fráríþr vígríþr* parallel.

Diese secundäre *a*-Bildung findet als formelles oder flexives Grundprincip der Eigennamen darin noch eine besonders beweiskräftige Stütze, dass sie als idg. zu vermuten ist. Seit Ficks classischem Buche über die griech. Personennamen sind die Principien der Namenbildung in den idg. Einzelsprachen als übereinstimmend und damit als proethnisch nachgewiesen.[2] Und wie grade die germ. Eigennamen ihre Urverwandtschaft mit den griech. auf Schritt

[1] Zimmer 25; Sütterlin, Nom. agentis, 3.

[2] Selbst über die lat. vgl. Fick LXV f., über die armenische Brugmann, Vgl. Gr. II, I, 32, 2.

und Tritt documentieren, so ist auch die behandelte secundäre Stammbildung derselben im Griech. vertreten. Fick führt XIV f. eine Reihe von Fällen mit zahlreichen Belegen auf, wo im Auslaut des zweiten Namengliedes die *o*-Flexion sich statt der ursprünglichen, einer consonantischen oder andern vocalischen, zeigt, will aber hierin nur eine bequeme Erleichterung in der Aussprache erkennen. Jedoch zunächst ist nicht einzusehen, wo in Namen auf *-ανδρος -πατρος -μητρα* die grössere Sprachbequemlichkeit liegen soll im Vergleich mit den ursprünglichen *ἀνήρ πατήρ μήτηρ*; und dann hätten Fick besonders Namen auf *-νικος -τιμος -φημος* darauf führen sollen, dass es sich hier um keine sprachliche Bequemlichkeit, sondern um einen functionellen Process, um die Kennzeichnung eines Nomen agentis gegenüber den Abstracten *νίκη τιμή φήμη* handelt. —

Das Bestreben hingegen, die Aussprache der Namen zu erleichtern, wird auf ganz anderem Wege erreicht: durch die kürzenden Koseformen. Die Hypocorismen vereinfachen das ursprüngliche Compositum, und zwar taten dies die ostgot. durchweg durch Unterdrückung des einen Compositionsgliedes. Eine solche Möglichkeit hypocoristischen Schwundes ist für jedes der beiden Namenelemente anzunehmen. Hiessen z. B. zwei Brüder *Theudinanth* und *Gudinanth*, so lag die Unterscheidung ihrer Vollnamen im ersten Glied, hiessen sie etwa *Theudinanth* und *Theudimer*, so lag sie im zweiten Glied: im ersten Fall daher die Hypocorismen *Theudila Gudila*, im zweiten *Nandila Merila.*[1] Der Ersatz nun, welchen die so um ihre eine Worthälfte gekürzten Namen fanden, war ein suffixaler. Diese hypocoristischen Suffixbildungen sind primäre oder secundäre. Die primären zeigten entweder das vocalische Suffix *-ja-* oder häufiger das consonantische *-an-*, die secundären die Suffixe *-ilan-* oder seltener *-ikan-*, — alles Bildungen, welche in der idg. Namengebung ihre Entsprechungen haben.[2]

---

[1] Vgl. Stark, Kosenamen 12 ff., und ebenso die griech. Hypocorismen, Fick V.

[2] Fick XXVII. XXIII f. L. XLII. Diese Art der Kosebildung ist also die ursprüngliche und idg. (Brugmann, Vgl. Gr. II, I, 33).

Ursprüngliche *ja*-Bildungen [1] sind im appellativen Germanisch im Aussterben begriffen.[2] Um so häufiger sind secundäre Ableitungen,[3] welche nichts weiter als die Zugehörigkeit zu etwas ausdrücken sollen; die zahlreichen hierher gehörigen got. Bildungen stellt Leo Meyer S. 333 ff. zusammen, und zu ihnen gesellen sich die onomatologischen *ja*-Bildungen (*Theudi Waci Albi Neudi*). Characteristisch ist, dass wieder das An., besonders die an. Poesie, im Gegensatz zu den andern germ. Dialecten das Suffix noch productiv handhabt.[4]

Bedeutend zahlreicher sind die primären Hypocorismen auf *-an-* (*Theoda Guda Thanca Thorisa Triggua Wilja Grippa Suna Wera* u. s. w.)[5], entsprechend den vielen griech. Bildungen auf *-ων*. Die lebendige Wirksamkeit des Suffixes *-an-* im germ. Sprachleben lässt sich in allen Dialecten noch verfolgen; es trat an die Stelle des absterbenden Suffixes *-a-*, verdrängte dasselbe nicht nur aus seinem lebendigen Gebrauch, sondern zog auch historisch feststehende, mit Suffix *a* gebildete Wörter in jüngeren Sprachperioden immer mehr zu sich herüber.[6] Leo Meyer stellt in § 354 die got. Nomina agentis auf *-an-* zusammen. Viele unter ihnen sind nur substantivisch selbständig gewordene Adj. wie *blindan-* neben *blinda-*, *gamainjan-*, *unhulþan-* u. s. w.[7],

---

Starks weitere Reducierungen der Vollformen gehören samt und sonders jungen germ. Perioden an. So die Assimilation von Consonantengruppen (Stark 21 ff.): *Gaddo* und *Betto* sind bei ihm die frühesten Belege hierfür (S. 22. 26) und zwar a. d. J. 615, alle andern entstammen erst dem 8. oder späteren Jahrhunderten (vgl. oben S. 80 f.). Jene Art der Kosebildung, welche vom Vollnamen das erste Glied ganz, das zweite nur in einem oder wenigen Lauten beibehält (Stark 104 ff.), kann erst in eine Epoche gesetzt werden, welche die Zweisilbigkeit des ersten Namengliedes bereits angegriffen hatte (vgl. oben S. 126).

[1] Stark, Kosenamen 53 ff.

[2] Kluge, Nominale Stammbildg. § 7.

[3] Schlüter, Suffix *ja*, 38; Sütterlin, Nomina agentis, 5.

[4] Sütterlin 7 ff.

[5] Vgl. die massenhaften an. Namen auf *-i* (Stark 54).

[6] Zimmer 170 ff.; Sütterlin 39 ff.

[7] Lichtenheld, Zs. XVIII, 41 Anm. Vgl. oben S. 81.

und so verhalten sich die stark flectierten Vollnamen zu den schwach flectierten Kosenamen ganz wie die starken zu den schwachen Adj.: es sind secundäre Individualisierungen[1]; der zweigliedrige Vollname ist — man denke an den Zeitpunkt und den Zweck der Namengebung — ursprünglich praedicativ, der gekürzte Kosename specialisiert seine Bedeutung auf eine bestimmte Person.

Die kosende Zärtlichkeit geht aber noch weiter, wenn die so gekürzten Namen durch Diminutivsuffixe wieder erweitert werden. Die secundären Hypocorismen mit Suffix *-ilan-* sind am zahlreichsten (*Theudila Gudila Thancila Triggwila Albila Gesila Badwila*, *Tulgilo Runilo Sifilo* u. s. w.).[2] Von Appellativen vgl. got. *magula mawilô*, ahd. *niftila scalchilo*, an. *geisle* u. ä.[3]

Die secundären Bildungen mit einem Suffix *-ikan-* waren nicht so häufig (*Cillica Gevica Mirica Talica Hardica*).[4] Die andern idg. Sprachen zeigen ebenfalls solche gutturalen Weiterbildungen, aber ihre Consonantenstufe stimmt nicht zu der germ. (ai. *-aka -ika*, gr. *-ακος -αξ -ιχος -ιχιος*, kelt. *-ico*[5]); ob sie zu vereinigen sind, bleibt dahingestellt; das Ausbleiben der germ. Lautverschiebung grade bei derartigen Kosebildungen wäre nicht undenkbar, man denke an internationales *Tata* (oben S. 124. 135). Vgl. diminutive Appellativa wie ahd. *armihha* „paupercula“, *fulihha* „weibliches Fohlen“, *snurihha* „Schwiegertöchterchen“.

Die im Vorstehenden geschilderte onomatologische Entwicklung zeigte sich im Ostgot. deutlich Stufe für Stufe, wenn wir folgende Reihen fanden: *Theoderic* (*-mer*, *-mund* u. s. w.) — *Theoda Theudi* — *Theudila*, *Gudinanth* (*-leub* u. s. w.) — *Guda* — *Gudila*, *Wilithanc* (*Ala-*, *Feli-* u. s. w.) — *Thanca* — *Thancila*, (*Anagast* —) *Anna* — *Anila*, *Sisewera* — *Wera* — (*Werica*), *Marabadu* (*Fridi-*, *Wisi-* u. s. w.)

---

[1] Sütterlin 65 f.

[2] Grimm, Gr. II (1878), 108. Suffixablaut in *Costila Costula*, *Sindila Sindula*.

[3] Grimm a. a. O.; Kluge, Nomin. Stammbildg. § 56.

[4] Grimm, Gr. II (1878), 270; Stark, Kosen. 56.

[5] Fick XLII; Brugmann II, I, 248.

— *Badwa* — *Badwila*, (*Gesimund* —) *Cessa* — *Gesila*, *Triggwa* — *Triggwila*. *Albi* — *Albila*, *Manna* — *Mannila*, *Talla* — *Talica* u. s. w.

Im Anschluss hieran, obwohl nicht zur Suffixbildung gehörig, sei noch eines weiteren Hilfsmittels der Kosebildung gedacht: der hypocoristischen Consonantengemination.[1] Sie findet sich vor allem in den Kosenamen (vgl. *Ibba Grippa Tzitta Morra Anna Riggo Zalla Cessa, Gattila Hunnila Quiddila Tottila*), dringt aber von hier auch in die Vollnamen (vgl. *Tanilldi Wittigis Witterith Riccithanc*). Die gleiche Erscheinung ist im Griech. genügend zu belegen[2], ihre Erklärung aber fraglich[3]. Wahrscheinlich drückt die Dehnung der Consonanz den zärtlichen und deshalb gedehnten, nicht schnell hervorgestossenen Ruf nach dem Träger des Namens aus, wie wir ihn noch heute gradeso bei lautem kosenden Rufen, zumal aus Kindermund, hören können.

Die vorher erörterten Suffixbildungen waren alle speciell onomatologischer Natur. Was sich aus dem ostgot. Material sonst für die Suffixlehre im allgemeinen ergab, bezieht sich auf einzelne Namen und Wörter und ist unter diesen behandelt, sodass für das *l*-Suffix auf *Amal*, *-gîsl, Wandil*, für *-r-* auf *wulþr*, für *-iþ-* auf *Darida*, für *-is-* auf *Sigis-*, *Thorisa*, für *-ing-* auf *Greoting* nur zu verweisen ist.

3. Namengebung.

Starks Annahme,[4] dass in vorhistorischer Zeit alle germ. Personennamen anfänglich einfach, aus einem Worte gebildet waren, und dass die zusammengesetzten erst allmählich, wenn auch noch in derselben vorhistorischen Periode, entstanden sind, ist durch Ficks Nachweise über das idg. Namensystem[5] längst widerlegt: die zweistämmigen Eigennamen sind die ursprünglichen, die einstämmigen sind secun-

---

[1] Stark 19 ff.

[2] Fick LIX; weitere Litteratur bei Brugmann II, I, 34.

[3] Verfehlt z. B. Stark 20 f.

[4] 157 ff.

[5] Besonders CXCII.

däre Kürzungen.[1] Letztere entstanden nach Abschwächung der ursprünglichen praedicativen Bedeutung des Vollnamens. Ein solches Bewusstsein der Bedeutung der Namenglieder aber ist nur für die allerälteste Zeit, vielleicht überhaupt nicht mehr für die historische Periode anzunehmen. Deshalb wäre es überflüssig, die onomatologischen Composita wie die appellativen nach Art der altindischen Grammatiker zu classificieren[2] und etwa Dvandva (z. B. *Hildebadu Gundihildi*), Bahuvrîhi (*Ebermud*), Karmadhâraya (*Uftahari*), Tatpurusha (*Theudimund*) unterscheiden zu wollen. Von einem ganz andern Gesichtspunkt aus könnte man viele von ihnen am ersten noch als Dvandva, d. h. copulative Composita auffassen: wenn nämlich der Name des Kindes häufig aus zwei Namenelementen, welche in der Verwandtschaft bereits vorkamen, gebildet wurde, dann war bei solchem Namen nicht die Function seiner appellativen Bestandteile, sondern eben die Kennzeichnung der Verwandtschaft die Hauptsache, und z. B. *Theudinanth* sollte nichts weiter besagen als etwa „Sohn von Theudimund und Gudinanda“, so zu sagen „Theudimund + Gudinanda“. Für das Zurücktreten der ursprünglichen appellativen Bedeutung spricht ausser den Koseformen ferner die auch im Ostgot. genügend zu belegende mechanische Vertauschung von Namenelementen: von *-mûd* und *-mund*, *-gîs* und *-gês*, *-hari* und *-rîth*, *-wîh* und *-win* und *-wit*, *-rîc* und *-rîth*, *gud-* und *gund-*, auch von suffixalem *-ila* und *-ica*.

Die Namengebung kennzeichnete die verwandtschaftlichen Beziehungen[3] entweder durch Allitteration (z. B. *Athalaric* der Sohn von *Eutharic* und *Amalaswintha*) oder durch gleiche Namenglieder (vgl. *Theoderic*, seinen Vater *Theodemer*, seinen Bruder *Theodemund*, seine Tochter *Theodegoto*; *Amalafrida* und ihre Tochter *Amalaberga*; *Theodahath*

[1] Die einstämmigen Götternamen (ebenso die walkyrischen Frauennamen) sind keine Ausnahmen, denn sie sind nicht ursprüngliche persönliche Nomina propria, sondern Personificierungen, personificierte Nomina appellativa.

[2] Wie z. B. Kossinna, QF XLVI, 66, will.

[3] Wand. 115.

und seine Kinder *Theodenantha, Theodegisl; Fridigern* und seinen Sohn *Aligern*; *Aderith* und seinen Sohn *Ademund* u. s. w.). Im übrigen sei an Namengruppen erinnert, welche Tiernamen zur Composition verwenden [1] (*-wulf, hûn-, Ebremuth, Berimuth, Marabadu, Amara? Igila?*) oder mythologische Begriffe (*Thorisa, Albila, Gud-*) oder Völkernamen [2] (*Ostrogoto, Theodegoto, Wandalari, Dan, Morra, Bojo, Angelfrith*).

Zunamen oder Doppelnamen, wie sie bei allen Germanen geläufig waren [3], zeigten auch die Ostgoten. In *Ariagne Ostrogoto, Theoderic Walamer* waren die zweiten Namen unterscheidende Zusätze, ebenso vielleicht *Gundwulf Hildwulf*. Jüngeren christlichen Namen neben älterem germ. zeigen *Hereleuva* al. *Eusebia, Wiljenanth* al. *Minnulus, Igila* al. *Danihel, Ademund* al. *Andreas*. Häufig ist bei Doppelbenennung der eine Name unverständlich und etymologisch dunkel, sodass der andere als Ersatz für ihn eingetreten scheint: *Eutharic Cillica, Totila Baduila, Rosemud Faffo,* vielleicht auch *Tila Teja*. Gewöhnlich jedoch sind solche secundäre Zunamen keine selbständigen Namenbildungen, sondern Appellativa, welche dem ursprünglichen Eigennamen als für seinen Träger besonders characteristisch angefügt wurden mit Bezug auf persönliche Merkmale, Geschicklichkeiten oder sonstige Beziehungen; es sind die häufigen Ehren- oder Spottnamen [4]. Sie haben dann vielfach den ursprünglichen Vollnamen ganz verdrängt, und es ist nicht immer leicht solche einstämmigen appellativen Cognomina von den primären Hypocorismen zu scheiden. [5] Voller zwei-

---

[1] Schon idg.: Fick VI. Strackerjan, Der Mensch im Spiegel der Tierwelt (Oldenburg 1885), S. 4 ff., ist ergänzungsbedürftig; das Fehlen des Pferdes in Namen wird mit Unrecht bestritten (*Marabadu*).

[2] Dietrich 19, 19; Wackernagel, Kl. Schr. III, 409 f. Müllenhoffs Einschränkung, Beov. 30, beruht wohl auf Zufall.

[3] J. Grimm, Kl. Schr. III, 355; Stark, Kosenamen 150 ff.; Wackernagel, Kl. Schr. III, 389.

[4] Schon idg.: Fick VI.

[5] Vgl. z. B. oben S. 51, 2; und ebenso für das Griech. Fick VI. Es bleibt zu erwägen, ob etwa in Italien römische Namenbildung oder

gliedriger Eigenname und secundärer Zuname liegt im ostgot. *Wandalari Wisand* vor. Nur der letztere ist erhalten in *Mammo, Tzitta, Gattila, Darida,* vielleicht auch in *Quidila, Scipwar, Hunsla, Butila;* hierher gehören ferner die Nomina agentis mit Suffix *-jan-*[1]: *Marcja* „der Merker", *Matja* „der Esser", *Teja* „der Trinker".

---

richtiger Benennungsweise die Goten beeinflusst hat; *Quidila, Mammo, Wamba* könnten auch Bildungen nach römischem Vorbild sein.

[1] Sütterlin 68 ff. und die got. Zusammenstellungen 70 f.; Streitberg, Beitr. XIV, 213. Vgl. *Stutja* Wand. 88.

SCHLUSS.

Der ostgotische Dialect des sechsten Jahrhunderts zeigt einen bedeutend jüngeren und entwickelteren Lautstand als der bibelgotische. Die ostgot. Monophthongierungen, die Reduction des Compositionsvocals, der Schwund des Nominativ-*s* u. s. w. sind dafür untrügliche Zeichen. Und dabei bedenke man, dass jene ostgot. Grammatik fast ausschliesslich aus Eigennamen gewonnen wurde, von denen häufig behauptet worden ist, dass sie hinter der Umgangssprache in ihrer Entwicklung zurückblieben und conservativeren Lautstand als diese aufwiesen. Bezzenbergers Hypothese, dass das Bibelgotische dem ostgot. Dialect des 6. Jahrhs. entspreche,[1] ist damit aus der Welt geschafft. Hingegen erwiesen sich die handschriftlichen Anomalien in der gotischen Bibelüberlieferung als dialectische Symptome der ostgotischen Abschreiber. Wenn es wahrscheinlich ist, dass unter dem einen wulf. Buchstaben *i* zwei verschiedene Laute begriffen sind, welche sich allerdings sehr nahe gestanden haben,[2] so muss, wenn Wulfila andrerseits zwei verschiedene Schreibweisen *ê* und *ei* erfand, deren Lautwert noch ein deutlich geschiedener gewesen sein. Das Ostgot. jedoch zeigt, dass letztere dicht daran sind lautlich zusammenzufallen, und so findet das gelegentliche Schwanken zwischen *ê* und *ei* in den got. Hss. seine einfache Erklärung in dem Dialect ihrer Entstehungsperiode. Ebenso verhält es sich mit dem

[1] Vgl. oben S. 1 ff.

[2] Vgl. oben S. 162.

Schwanken zwischen *ô* und *û* oder auf consonantischem Gebiete mit dem Wechsel von *d* und *þ*. Ferner zeigen *liuteiþ* Mt. 5, 15 für *liuhteiþ, þairwakands* Luc. 6, 12, *als* Mc. 15, 38, *hwarjô* Mc. 15, 6, *hwammê* Gal. 5, 3 B, *uswaurts* 2. Cor. 9, 9 B einerseits und *waurhtai* Röm. 11, 17 für *waurtai, gawaurhtai* Eph. 3, 18 für *gawaurtai* andrerseits dieselbe Unsicherheit in der Aspiration, wie unsere specifisch ostgotischen Quellen, ja den in letzteren so gewöhnlichen willkürlichen Wechsel von *t* und *th* zeigen auch in der Bibel *aflêþanda* Mc. 2, 9 für *aflêtanda, wituþs* Mc. 10, 38 für *wituts, ufblôþeinai* 2. Cor. 8, 4 B für *ufblôteinai* A, *hnuþô* 2. Cor. 12, 7 A für *hnutô* B, *gaþarhiþs* Gal. 2, 11 für *gatarhiþs*. Desgleichen ist die Schreibung des gutturalen Nasals zu beurteilen in *þankeiþ* Lc. 14, 31, *þank* 17, 9, *bringiþ* 15, 22, *bringandans* 15, 23, *inqis* 19, 31. Eindringen des Dialects scheint sich selbst in der Compositionsfuge zu zeigen: *lausaiwaurdai* Tit. 1, 10 A, *seinaigairnai* 2. Tim. 3, 2 A[1], und darauf beruhen auch Schwankungen wie *andalausaizê* 1. Tim. 1, 4 A gegenüber *andilausaizê* B, *miþgardawaddju* Eph. 2, 14 B gegenüber *miþgardiwaddju* A, indem die normalen wulf. Stammesauslaute *-i-* fälschlich als ostgot. Palatalisierungen gefasst und zu angeblich ursprünglichem *-a-* wiederhergestellt wurden. Ja wenn der Cod. B drei Nomin. sing. auf *-ein* überliefert (*liuhadein, wiljahalþein, gagudein*),[2] so können diese ostgot. Endung statt wulf. *-eins* zeigen (*liuhadeins* A), indem für die Form schwacher Nominalabstracta (*gagudei* A) die starker Verbalabstracta eingetreten ist. Und so wird es die Aufgabe der Herausgeber neuer Auflagen unserer Wulfila-Ausgaben und -Grammatiken sein müssen, für alle Anomalien zuerst die Erklärung im eingeschleppten Dialect der ostgot. Hssverfertiger zu suchen, und der hiermit beendete Versuch einer ostgotischen Grammatik wird daher in erster Linie für die gotische Textgeschichte Früchte tragen.

[1] Vgl. oben S 184.

[2] Braune, Got. Gr.[3] § 113, 2. Sonst entnahm ich die vorstehenden Beispiele der Einleitung zu Bernhardts Ausgabe (Halle 1875).

INDEX.

(Die Zahlen weisen auf die Seiten. Die cursiv gedruckten Formen sind die ostgotischen.)